%的销售，是在顾客的脑袋中完成的！
其费力推销，不如让客户自己要，
说服都省了！
单逻辑，换来不简单业绩的突破制胜之道。

—— 廿一世纪销售致富经典 ——

业务战
脑力与脚力的战争

MIND TEASER

【行为世范、再造辉煌】

　　世辉是一位择善固执的人，喜欢钻研课题、一门深入；打从《威力行销》开始，他连续出版了《催眠式销售》、《催眠式逆转销售》、《地球人拒绝不了的推销术》、《超感应销售》等书，不难发现他深入的用心与创新的能力。当然，教学相长也是他不断推陈出新的动力泉源；世辉的《威力行销研习会》自二十年前创办，至今持续热销、盛况不减！

　　一个喜欢生活、热爱工作，专业执着，魅力四射的讲师作家。多年来他从教育训练的新秀成为了行业的标杆，为人夫、为人父，由青葱少年成为成熟稳健的训练大师；然而难得的是、从他身上依然保持着当初年少时的腼腆和开朗的笑容！

　　在我的印象中，世辉有着两极化的个性，平日沉默寡言、喜欢思考，却又喜欢和孩子一起看卡通笑得前仰后合；世辉有着极规律的生活和自律的精神，每日晨跑不堕、坚持运动，骨子里的军校训练至今可见。

　　世辉是一位业务行销界的思想家；这本《脑力VS脚力的战争》，一如既往，内容扎实而富有实战成果；与其说这本书是《业务行销战》的《教战手册》，更像是业务行销的《逻辑指导手册》从思维逻辑的定向到设身处地异位立场的观念、《one man one engine》的客制化服务到异议的引导与处理；从【去我化】的不预设立场到格局的拉大，在在

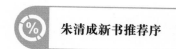

都以实务性的做法出发，而深入浅出剖析出背后精神与达到效益的方法。

【销售策略的有效性与见客户的频率（次数）成反比】，更提出人情销售所陷入的窘境及销售策略拟定的重要性，由客户立场的反思才是切中要害的有效销售。

这是一本集合思想方法的理论实践秘籍，章节分明、案例生动，读来甚为轻松易于接受，而《脑力VS脚力》的叙述性比较，又能一针见血的看出立竿见影的成效。

蒙世辉不弃，视我为跨世纪的隔岸知交，（我常年在上海）让我数度为文做序，值此新春之际，祝愿更多读者由此书受益，也愿世辉再接再厉、开创华人世纪的荣耀。乐为之序。

新成智教育集团创办人
上海远东企业文化经营研究所所长

朱清成

2017/2/11

【新颖的行销观念】

　　结识世辉先生是在罗芙奥的艺术展览，「彬彬有礼、谈话得体」是个人对他的初步印象。在进一步的交游之后，方得知他的前半生非常的精彩；当大多数的同龄少年仍生活在家庭的保护伞下，安逸的享受童年欢乐时光之际，他已经以自己幼小的身躯从事粗重的体力工作，以换取脱贫的生活。往后经过七年的军校磨练，在即将完成学业，得以挂上黄埔军阶之前，他可以为了真爱而放弃了美好的前程。这些经历可以说兼具了理性与感性的人格特质。同时也呈现出世辉在生命过程之中对于各个阶段所追求不同人生目标的行动力。

　　世辉先生除了人生历练丰富，其累积的成果也让人刮目相看，智感国际顾问公司已经成立了 20 余年，他所创立的威力行销研习会也持续以不同于他人概念、创新且逻辑性高的方式广大授课中，除了协助学员在销售事业上建立自信，还能以「制造双赢」的方式创造佳绩，不只销售员能得到业绩，顾客也能达到其理想或预期的目标。本人认为销售亦是一门艺术，书中巧妙的大量运用个案模拟方式呈现出作者想要表达的思维，以「传统」及「用对方法」两种不同的模式演练，引导读者们思考。其中提到「销售的重点往往不在于你要跟顾客说什么，仔细观察顾客的语言内容与其遣词用字、语气、语调与眼神、面部表情或身体姿

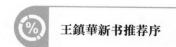

势所不自觉透露出来的讯息」，进而了解问题点所在才能对症下药！比起用传统的方式进行推销，不如使用对的方式先了解顾客的需求，再以启发的方式协助顾客找出他们所合适即可以接受的方案，才能有效率的完成交易。

在本书里，作者对于第一线的销售人员提供了新颖的行销观念，若您正处于事业的碰撞期，建议您不仿抽点时间感受这本书所要带给您的力量。

罗芙奥艺术集团董事长

王镇华

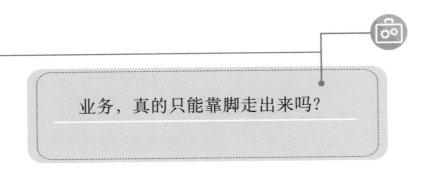

业务，真的只能靠脚走出来吗？

廿年前，我在当销售人员的时候，被教导的是：业务，是要靠勤劳的拜访、开发客户，被拒绝是正常的，业绩，是用脚跑出来的！

这种「拼了命」似的业务论调，衍生出不少以「激励」「潜能激发」「心灵成长」的教育训练机构，如雨后春笋般冒出头来，去参加的，当然也就是销售人员占绝大多数，成功学的摇旗呐喊，似乎就以此为基础，本人当时也恭逢其盛，参加过安东尼罗宾·伯尔尼、崔西，马修·史维……等等不胜其数的大师级课程，也开启了我对人性与财富知识的视野，至今我都还很庆幸，在当初，有机会学习与学校课堂截然不同的知识，因为，那也不是学校老师会教或会涉猎的领域；自然在学校系统是不会有所著墨的！因为两边的目的性不同。为此，我特别感谢我的企业导师，朱清成博士，当时给我的机会与栽培，华人世界成功学的观念与风潮，皆由朱博士而起！

我也读过，古人说：作学问时，于不疑处有疑，方是进矣！难道，一定要靠脚，才能做出业绩？不能用心靠脑吗？

我用廿年的时间，去做些与传统销售截然不同的事，事实证明，原来要产生更高的绩效与持续性地突破绩效，是存在更有效的作法，而所谓更有效的作法，其目的，当然是用你销售周期的三分之一，就能产

生并创造比原来高出三倍以上的绩效！

既然要比原来高出三倍以上的产值，时间又要缩短三分之一，自然就要用心靠脑，来取代：「业务，是走出来的」传统说法与作法，同时，这番论调还能经得起时间的考验，应该这么说，**时间愈久，愈能证明突显用心靠脑的价值所在。**

现在，可以从许多威力行销研习会的学员身上看到这一改变的影响力，用心靠脑，而不祇是拼了命似地开发、拜访客户、增加拜访量与行动力这种单一方向的努力，才可拥有高产值，用心靠脑，时间用得少，产值与命中率反而增加，而客户的满意与被启发的比例也持续增加，销售人员说的话，做的事变少，绩效、收入却持续突破。

至于为什么会有如此不同的转变，**你可以从本书每一章节的对照案例看出端倪，每个案例，皆为辅导学员的实况，你可以比较传统作法与用心动脑之间的差异与效益，然后思考一下，接下来，你要怎么做，方能提升你的销售命中率与持续性，业务主管与销售领导人可据此想想，你要怎么调整你自己带领业务团队的方式，好做到突破性产值与人力的作法，**不是靠偶一为之的激励，更不是靠短期停卖、促销以及公司的奖励竞赛，把这些都拿掉，身为一位销售领导人，看看你还能有哪些法宝来带领业务人员、团队的长期突破。

这本书是为了让你思考，不是为了传授你推销技巧或话术，现在的销售人员，已经被误导为只背公版话术，不会思考的商品解说员，说服客户与人情销售的效益每况愈下；业务员，是一个社会经济进步的推手，企业进步的动力，一家公司不论发明或发展出哪一种产品或服务，没有销售人员销售、展示、说明，也就没有顾客知道或作到任何的购买与使用，以改善其生活质量。

苹果的 I-phone 或其系列产品设计的再美、功能再好，没有当初的 Steve Jobs 运用媒体在镜头上表演、说明、示范，哪来现在的「果

迷」。

不要将客户的拒绝，视为理所当然，你应该让人们无从拒绝你！

要做到让人们无从拒绝你，于销售行为上，以有效提升成交命中率、成交额度以及培养出一辈子的终身客户，其实，你有比过去与现在更有效的作法。

曾有学员形容在研习会学到的，不是推销技巧或技术，而是一整套系统化的「心法」，我当然赞成也支持这一说法，心法心法，有这个心，才能去讲究学习、运用其法，没心，再好的方法也不管用。

此心，指得是，帮助顾客得其所欲的心，此法，则为成功让客户自己要的作法，有心，却不讲究作法，谓之土法炼钢；无心有法，绩效起伏变化大，高与低产值互相抵消；无心也无法，根本无法生存，有心也有法，方能平步青云，扶摇直上！

这本书，是献给所有「有心」帮助客户得其所欲，同时，亦细究「四两拨千金」、寻求突破性作法的你，诚挚地邀请你，细细品味，大力实践正确帮助人们得其所欲之道。

谁说，销售不是功德一件呢！

怎么调整你自己
带领业务团队的
方式，好做到突
破性产值与人力
的作法

传统作法与用心
动脑之间的差异
与效益

提升你的销售命
中率与持续性

这本书是为了让
你思考，不是为
了传授你推销技
巧或话术

目录 ᠁

我对优雅、精准的人性结构，
能创造出持续性突破的绩效与强大的高产值团队，
深刻着迷。你呢！

Ronny Chang 張世輝

1

大事显格局，小事顾感觉（上）

100 %

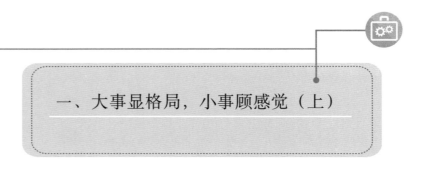

一、大事显格局，小事顾感觉（上）

一个商业人士，除了自己的专业知识与能力不可缺外，最难能可贵的，其实是格局！

一谈到格局，有人用另一形容词去解释它—眼界，顾名思义，眼界即是你眼睛视力所及的景物与可视范围，这么解释也对，你看的比你的竞争对手与顾客更远，尤其是看到他们看不到的，甚至，做到他们做不到的，最后，得到他们得不到的，超越了竞争对手与顾客的期待及能力，这，也不就是格局二字最能彰显力量之处！

要清楚辨识何谓「大事」，你可以用这样一句话来概括说明：影响顾客最终决定的事，就可谓之大事！

我曾拜读过一本（Doing What Matters）—大事法则：其他不予理会；书中阐述的是（James M.Kilts）詹姆士·基尔兹，前吉列公司（Gillette）董事长兼执行长，如何让业绩利润低靡不振的公司起死回生之道，而他的咸鱼翻身法，就是学会辨识：什么是影响公司生死存亡的关键！也就是「大事法则」，正如他所说的，所谓「要紧大事」指的就是：为了事业成功而一定要做的事，而同样重要的是—知道哪些是应该忽视的事（the things you should ignore）。

当然，不是每位顾客或销售人员、销售领导人皆能清楚分辨，何

谓「要紧大事」，最常见的现象，即为彼此陷入过多担心的枝微末节，而最终拖延了成交或做好财务风险或人生风险规划的时机，直接产生的负面影响，则突显于考虑的期间，顾客本身所处的保障空窗期，发生了不可预测的风险，而造成遗憾！

 ## 靠脚力

王老闆：最近投资，赔了不少，我对财务规划跟投资机构完全失去了信心，现在，不要来跟我谈这些。

你：可是我跟您谈的，并不是纯投资，而是您该有的保障，毕竟过去，您有超过 80% 的资产持有型式，都是追求高报酬的风险性资产，这些比例相对于您的保障，就显得您原有的保障不足。

王老闆：把钱放在保险，太不划算，不但利率低，还要放好几年不能动，资金一点都不灵活，我怎么可能把钱放在保险呢！

你：可是，保障不同于投资啊！保障是没有风险，而且，当风险发生时，保障就能照顾您及您的家人。

王老闆：我想你没听懂我的意思，我不想让我的钱变「死钱」，我连定存都不做了，怎么会把钱放在保险呢！

你：王老闆，您并没有把钱全部都放在保险，这保费与您的投资资本比较起来，根本是小巫见大巫。

王老闆：这你就不懂了，钱就是钱，钱多钱少都是钱，只要是懂得运用，就能发挥杠杆效益，怎么算都比放在保险好！你还是不要再讲了，你讲不过我的。

你：……

🔊 **重点**

你可以说明保障的功能与价值一百遍，然而，对上述的顾客却没什么用。

当销售人员与顾客于销售过程中，彼此都陷入不知所云的繁杂泥淖时，大部份时间，皆是销售人员追着顾客的问题或担心的事乱跑一通，导致失去了销售的掌控性，一旦陷入购买障碍的泥淖，整个销售周期就拉长，销售周期一拉长，顾客的购买欲望随即降低，此时，为了让顾客赶快成交，销售人员会更「积极」地咬着顾客担心或顾虑的每一个问题，想要一一解决，结果，就形成了以下的结构：

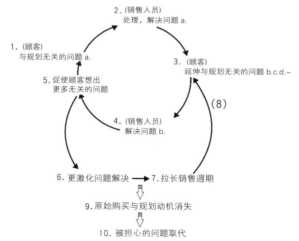

2. (销售人员)
处理，解决问题 a.

1. (顾客)
与规划无关的问题 a.

3. (顾客)
延伸与规划无关的问题 b.c.d.~

5. 促使顾客想出
更多无关的问题

(8)

4. (销售人员)
解决问题 b.

6. 更激化问题解决 ➡ 7. 拉长销售週期

9. 原始购买与规划动机消失

10. 被担心的问题取代

🌐 **靠脑力**

王老闆： 最近投资，赔了不少，我对财务规划跟投资机构完全失去了信心，现在不要来跟我谈这些。

你： 我了解，王老闆，您的意思是说，既然是投资，就会有两到三种结

果：一是赚，二是赔，三是打平，不赚不赔，是吗？

王老阖：是啊！

你：从投资结果来看，赔，虽让人不舒服，然而，你是否也赞成，那是三种结果之一，不是吗！

王老阖：对，怎么会开心。

你：而您不想要继续承担亏损的风险，是吗！

王老阖：不想再赔下去了！

你：说的真好，那您从这次经验体会到什么？

王老阖：我体会到有钱还是不要乱投资。

你：哦，然后呢！

王老阖：找个地方好好放钱，看看有什么稳赚不赔，或是保本的会好一点，等到时机好的时候再出手。

你：就像复利增值的储蓄规划，是吗？

王老阖：我也不确定。

你：因为您刚讲了两项符合储蓄规划的要件，一是稳赚不赔，虽然不是赚很多，因为一谈到高报酬，自然要承担高风险，而您又不愿意再承担，那自然就想到复利增值，第二项就是保本，没错吧！

王老阖：我刚刚是这样说的，没错！

你：那，让我们一起来看看，如何让时间 X 复利，效益大于原子弹的作法，能为您带来哪些好处与价值吧！

王老阖：好啊！

 关键　　英语有句话说：First things first！

在销售人员与顾客彼此都不清楚动机与意图时，一堆业务员就急着讲商品，提供解决方案，有时，心急吃不了热稀饭！

对顾客来讲，在财务规划上，什么，才是最重要，对他（她）影

响最深远，而对方却又察觉不到的，身为销售人员，自然要培养对顾客的敏锐观察力，你是否观察到，这世上约有 80 ～ 90% 的顾客，皆清楚自己不要什么，却不知道自己要的是什么！他们往往将自己不想要的，误当成是自己要的，所以，你可以这么界定此类型的顾客：

80 ～ 90% 的潜在顾客透过跟你说不要的，来表达出他们所想要的！

当王老闆说不想要赔钱，在投资上，你听到的，是他不要的，那他要的，是什么？他不要钱有风险在投资上，反过来说，他要的，是什么？他说因投资失利而对投资机构失去信心，那什么，才是能重燃信心的依据？

一堆销售人员「听不懂」他们的客户讲的是什么意思，真正重要的，往往不是表面听到的字眼与问题，而是背后的涵义。虽然这背后的涵义，有时连客户自己也无法察觉，因此，在表意识层次上，客户就误以为那些担心、购买或规划的障碍是阻碍他们消费或投资的理由，而销售人员则误判的更严重，他们把这些阻碍的理由当成拒绝理由来处理，真应了平常我说的：「反应太快，到来不及反应」

你，听得懂客户的问题与购买障碍吗？

死业务员～没告诉我长青春痘不赔!
如果害我嫁不掉～你就娶我
帮我挤一辈子痘痘～别走!!

别..别过来..公..公司有规定..
不..不能跟客户发生关系啦!

都是那个该死的业务员，
没告诉我这种状况不理赔!

2

大事显格局，小事顾感觉（下）

100 %

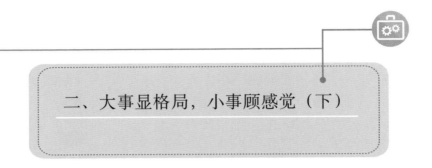

二、大事显格局，小事顾感觉（下）

我们常听说：魔鬼藏在细节里。

不只如此，你也可以说：上帝藏在细节里，我也常说，「在销售上，细节说明一切」！

既然「细节」二字如此被世人强调，就代表大部份人，不是没做好事情细节，大而化之，要不就是在人际互动上，没注意细节，而导致人际关系紧张，甚至冲突！

在销售与经营客户关系上，你说细节是否攸关于顾客的感受；这也是为什么逢年过节，不是一般人会互送礼物，销售人员、企业主、采购人员、举凡一切跟销售有关连的一串人都很规矩的要送点礼，为什么？礼薄情义重，说的不就是一方面感谢顾客支持，二方面为了生意长久，经营顾客的关系，关系维系好了，客户心中感觉就会更肯定之前的购买行为。

然而，除了送礼这样不成文的维系顾客关系行为之外，还有什么样的细节，会直接或间接影响顾客的购买行为，以及长期对销售人员的信任？

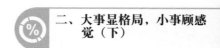

 **靠脚力**

王老闆：我原来要做每年 25 万六年期，不好意思，上礼拜我先跟银行买了六年期每年 25 万，因为银行的增值比较高一点，所以，还是谢谢你！

你：王老闆，您之前不是说要给我做吗！

王老闆：是啊！问题是，银行代理的那家六年后就 200 万，你们公司要二十年才 200 万，差太多了！

你：王老闆，话是这么说没错，可是，我跟您的关系，您的保单一直是我服务的，比服务，我一定比得过银行的行员吧！

王老闆：不然，我在你这作 20 万的，好吧！

你：……

 重点

　　滥用和顾客间建立的关系，常常会导致反效果，反而破坏了之前辛苦建立的专业形象与信任感，然而，销售人员却往往适得其反地重蹈覆辙，以为能靠这层关系扭转颓势，其实，建立在买卖关系上的人情或人际关系是一层薄冰，看似坚硬，实际上却脆弱不堪，既然如此，为什么销售人员会误以为利用这层关系，能让 case 起死回生呢？！

1. 被问题绊住脚

2. 想赶快解决问题，快速成交

　　这是两条「直觉」与所谓的「经验」带来的线性反应，挑最近的路线走，却是效果最差的一条路！

　　为什么？

当你想到要利用与顾客之前建立的关系，作为「要挟」顾客的武器时，你就破坏了这层关系；同理可证，当你错误地利用「人情」做为销售的依据时，你就破坏了彼此信任的基础，也许还是能做成生意，只是，顾客对你的专业信任感霎时荡然无存，销售人员把自己变成了乞丐，乞求顾客施舍一点业绩给他（她），话虽不好听，却是实话，到现在，还有业务主管这么对辖下业务员耳提面命：「去跟顾客还有亲朋好友讲，你就差他一件业绩，考核就过，竞赛就达成」「要晋升，就请顾客支持你」，甚至有某些付费的训练，教导学员，如果顾客不买，你就算跪着，也要他（她）买。

真是无所不用其极地训练销售人员当乞丐，这哪有什么专业形象可言！

靠脑力

王老闆： 我原来要做每年 25 万六年期，不好意思，上礼拜我先跟银行买了六年期每年 25 万，因为银行的增值比较高一点，所以还是谢谢你！

你： 为什么呢？

王老闆： 因为，银行代理的那家六年后就 200 万，你们公司要二十年才 200 万，差太多了！

你： 王老闆，您说的，是增值型寿险！

王老闆： 对！

你： 此险种与终身寿险在保费及保障上有何最大不同，您知道吗？

王老闆： 不是很清楚！

你： 就两样不同，一是增值，一是利率变动！

王老闆： 是啊！

你： 所以，王老闆，增值型寿险于到期日前，要保人身故；比如，第三年，
还不到六年期满，是不是就没有增值到 200 万保额！

王老闆： 对吧！

你： 另外，既然是增值型，就牵扯到市场利率，或是保险公司投资绩效，
代表，增值的利率是属于预定利率，而非固定利率啰！

王老闆： 没错，没错！

你： 我再跟您确认一次，您是要作投资规划，还是要做寿险规划？

王老闆： 本来只是要存钱，后来发现老公寿险也不够，如果存钱期间不
小心挂了，还可以照顾家人。

你： 要做寿险，就不要附加利率变动，要做投资或理财，就单纯的投资
或理财，把两样不同功能与属性的东西弄在一块儿，您不只要多
付出成本，还要承担期限未满，风险发生时领不足额的风险，您
问问自己，您做任何的保障规划的初衷，是为了转移风险，还是
为了承担风险。

王老闆： 当然是转移风险。

你： 不管是银行提供的，或我之前提出的，都不是您现在要的，因为，
您要的，不是承担风险，而是 100% 转移风险，没错吧！

王老闆： 没错！

你： 至于存钱，我们就单纯的做理财规划，透过复利增值的储蓄，靠时
间来累积财富，而不必承担亏损风险，这，不是很好吗？

王老闆： 没错，那就照你讲的做，银行那边还不到 10 天，我自己会去
处理！

 关键

不是顾客叫你打份建议书，给你预算，你就要照做！

为什么？这不就是要购买的直接证据与讯号吗？不然呢！

小事顾感觉，大事显格局。

记得美国某商学院教授曾讲过，顾客永远是对的，那如果顾客犯错了呢？「顾客还是对的」，就情感与情绪上讲，没有人愿意承认错误，更遑论，花钱的是大爷，顾客当然是对的，因为，花钱的人是不会承认自己有错的。

真正的重点，不是谁对谁错，而是，谁注意到了至关重要的细节，此细节的面向包涵的层面广泛，从大的项目来看，有商品专业知识、顾客真正的动机与商品功能间的异同，对同业的了解，以及顾客潜意识讯号的辨识。

急于成交，却成效不彰，往往肇因于公司、业务团队、业务主管好大喜功，短视近利的想要「压榨」出业务员的最高产量，却不顾及产生绩效的过程，经常对业务员、团队及公司带来短暂利益，却造成长期伤害而不自知，彼得‧圣吉的第五项修练中的核心—系统思考，根本不在贵公司、团队与主管的训练与教育体系里，这不是用可惜二字所能形容的！

这些日子，你的腰围都变了，
你的保障怎么能不变呢？

3

在框框外思考

100 %

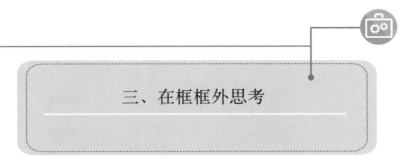

三、在框框外思考

有个学员问我，他的顾客经常忘记缴保费，有纪录以来，已经有四次帮这位老闆办复效，不然，之前缴的保费不但拿不回来，原有的保障功能也一并失效，得不偿失！

他问我怎么办？怎么样才会让他的顾客不要再忘记去缴保费？

在往下读之前，你可以先想想，这如果是你的Case，你要怎么做？

 **靠脚力**

你：王老闆，公司通知我，您又忘了转账了，这礼拜没转，保单就要失效。

王老闆：不好意思，最近店里比较忙，一直抽不出时间去转账。

你：王老闆，您的季缴保费RMB￥1500，虽然不多，但是也很重要，过了缴费期，保单一失效，您前面的保费也拿不回来，不是得不偿失吗！所以，您再忙，还是要记得去转账，不要再忘了。

王老闆：有时候店里真的很忙，我要做的事很多，人又不好请，很累啊！

你：我知道您忙，还是希望您别忘了，很重要。

王老闆：我尽量啦！好了，过两天我再处理转账的事，待会我又要做事了，就这样吧！

重点

針對問題，處理問題，這樣的線性反應若有效，就不會接二連三發生顧客忘記繳保費的嚴重情事；那，需要另外想個什麼好方法，讓他不會因忙碌又忘了繳保費嗎？

不用！想破頭也想不出來

為什麼？

因為，問題不在這位顧客很忙，忙到會忘記繳保費，沒有人會連續忘記五次以上，那是什麼原因，會讓他如此這般？

 靠脑力

你：王老闆，这是第五次您忘了去转账，我终于弄清楚，为什么了！

王老闆：为什么？

你：王老闆，当您从季缴 RMB ￥1500 改为年缴 15 万保费时，您会忘了缴保费吗？！

王老闆：当然不会，那么多钱，怎么可能忘掉，万一忘了缴失效，不就之前的也拿不回来，保障也没了吗！

你：您讲得一点都没错，就是因为您现在的保费太少，保障的额度与功能您觉得可有可无，不太重要，有或没有都没啥影响，所以，失效也无所谓，我没说错吧！

王老闆：是这样没错。

你：一旦您的保费从季缴 RMB ￥1500 增加为年缴 15 万，您怎么可能会忽视这年缴 15 万保费给您带来的庞大利益与好处，对不对！

王老闆：对！

你：那，王老闆，您知道当您年缴 15 万保费时，您会有哪些庞大的利

益与好处吗？

王老闆：不知道，有些什么，我也很好奇。

你：让我们一起来看看，有哪些庞大的利益与好处，是您可以拥有的！

王老闆：好啊！

 关键

太快提供解决方案，是销售人员的通病，此通病来自于以下几个原因：

1. 好为人师，都想要「快速」「解决」问题，好快速成交。

2. 都想藉由「解决问题」来彰显自己所谓的专业。

3. 老闆、主管都这么做，也做的不错，所以，那就是对的。

传统业务单位培养了一堆背推销话术的业务员，这些业务员有的努力打拼，一路做到主管，所以，他们训练新进业务员的方法，也是他自己之前背的那一套，听主管话照主管做的做，除此之外，似乎也没什么系统化又能突破的策略性架构，可以大幅增加行动的有效命中率，以及突破绩效、人力的持续性。

这也是为什么担任业务主管、资深业务的你要有所自觉的原因，当你拥有突破性的想法及作法，你要保持平庸的绩效很难，反过来说，当你拥有平庸的想法及作法时，要突破、也是比登天还难！毕竟，一年赚 100 万与一年赚 1000 万的想法、作法与顾客层级是截然不同的，你说，是吗！

你原有的知识、习惯与经验，给你带来过去与现有的绩效与人力，如果你只停留在过去的知识、经验的框框内，你是无法突破的！

以现有的框架为基础，将它当成迈向突破之路的踏脚石，然后，一鼓作气，一跃而起，你才能真正迈向突破之道！

4

财富的秘密

100 %

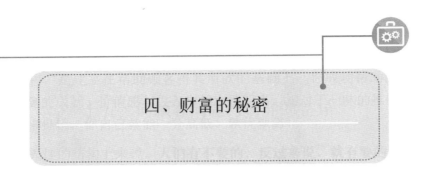

四、财富的秘密

这世上有 80% 的财富集中在少数 20% 的人（见图一）身上，而却有 80% 的人赚的钱不到这世界的 20%（见图二），关于财富的秘密与钱的规律之探讨，自有经济文明史以来，就方兴未艾，百家争鸣，好不热闹！

从事销售，自然也是一份赚钱的行业，那为什么有那么多人（80%）靠销售赚钱，却只能赚到糊口的收入（20%）？

又为什么有人（20%）能创造 80% 的财富？在这两种人同样都认真努力的情况下，怎么会有截然不同的成果？

图（一）   图（二）

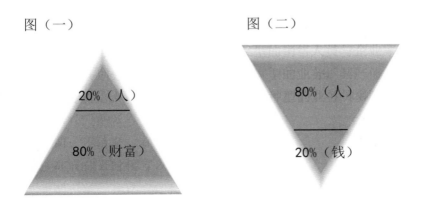

20%（人）

80%（财富）

80%（人）

20%（钱）

图（三）

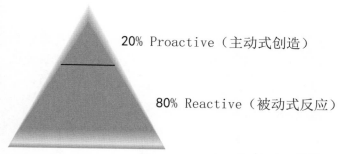

20% Proactive（主动式创造）

80% Reactive（被动式反应）

　　有时，太简单的答案，往往让人觉得不可思议，不容易认清事实。其实，关于财富的秘密，图（三）就已经阐明！

靠脚力

你： 王老闆，上次我提供给您的退休金规划与长期看顾险，你考虑的怎么样？

王老闆： 刚好你今天来，你也看到，我最近忙着搬家，装潢还有要改的部分。另外，你也知道，我也要负责新店开幕，忙的焦头烂额，不好意思，过一段时间再说吧！

你： 其实，王老闆，上次我已经跟您说明完了内容，建议书也解释的很清楚，预算也没问题，就等您签约了。

王老闆： 我知道，最近真的忙到没法去想这些事，等过下半年再说吧！

你： 下半年？王老闆，这么重要的退休金还有长看险不是应该愈早完成规划愈好吗？等半年会不会拖太久了！

王老闆： 不会啦，不急于一时嘛！谢谢你，不好意思，待会我要去店里忙了！

你： ……

重点

穷追猛打常被传统销售人员视为态度积极的象征，或许，他们搞错方向，而却不自觉，并且，还不断地重蹈覆辙，从对一个尚未成交的顾客增加拜访量就可以看出来，为什么？

当你的销售策略愈有效，你见顾客的频率次数就愈少；相对的，你见顾客的频率次数愈多，代表你对他（她）的策略愈不奏效！因此，**销售策略的有效性与见顾客的频率（次数）成反比。**

离经叛道不是因为要标新立异，而是销售人员已经不思考，只剩下反应，都靠直觉反应而不思考销售的本质，商品本身已经有存在的价值，增员计划亦有其吸引力，然而，从销售面去训练或学习、执行业务时，是从单向的推销立场发送讯息给潜在顾客，这也是一直以来的销售人员生存之道。

销售的本质往往与旧有观念、作法大相径庭，为什么？

一旦，销售人员从顾客面反推回来思考，作法与效果，还有顾客的反应将宛若两个世界。

从顾客的角度、立场、心理、与所处的环境去思考要怎么做，才是有效的策略起始点。 取代旧有从销售人员的立场做为销售出发点。这是一个颠倒的世界与思惟，祇为要学习如何突破产值十、百倍的人而设，换个脑袋吧！除非你不打算有所突破。

靠脑力

你：王老闆，上次我提供给您的两项规划建议，您还记得吧！

王老闆：记得啊！不好意思，最近要忙搬家装潢，公司的新店也要开幕，太忙，没时间去想这个。

你：我了解，王老闆，您一方面要忙着搬家与装潢，另一方面，又要顾到新店的开幕，那代表您善于分配资源与时间，不容许有一点疏漏，没错吧！

王老闆：没错，我的要求很高。

你：既然您这么善于分配资源与时间，而且标准也高，那您在一边开店创造资产的同时，是不是也要一边做好风险转移，对不对！

王老闆：对啊！

你：而所谓的风险，以您自身而言，是不是包含1. 人的风险 2. 钱的风险，是吗！

王老闆：应该是。

你：既然您都已经要开新店创造资产，同时又能督导装潢搬家事宜，您如此事必躬亲，不就是要掌控风险，追求完美，我没说错吧！

王老闆：没错！

你：那，王老闆，您现在愿意来看看，如何有效转移1. 人的风险以及2. 钱的风险了吗？

王老闆：当然好，这很重要。

 关键

关于财富的秘密，与销售致富的秘密一样：

80% 的人努力赚钱，赚不到这世界 20% 的钱！

原因：

1. 这 80% 的人都在拼老命「赚钱」，「赚钱」这字眼在潜意识里是个被动性字眼—他们为了生活费、账单、房贷、车贷、子女教育费……而努力工作「赚钱」。

2. 这 80% 的人大多都是「被动式反应者！」—意思是，等问题发生，再来想办法解决，只要还过的去，没问题，就 OK，待问题发生了再处理就好，完全的被动，他们是被动反应之王！

3. 这 80% 的人当中的 80%，往往仇富，他们不喜欢有钱人比他们有钱，有钱人在他们眼里是罪恶的代名词，不过，吊诡的是，他们虽然仇富，自己却不断地追求财富，矛盾至极！

   20% 的人，却能创造 80% 的财富！

原因：

1. 这 20% 的有钱人，不被动的「赚钱」，他们「创造机会」= 创造财富。

2. 他们不被动式反应，他们「主动式创造」，与其等问题发生再说，不如预先想好会发生什么问题，在哪些方面，然后，事先做好预防措施，他们不等待，他们「主动创造」。

3. 他们欣赏比他们更有钱的人，并愿意投入所有一切心力及资源，去学习更有钱人创造财富与机会的方法，他们不等着「发薪水」，他们创造机会让顾客来找他（她），他们不是为了生活、账单、还贷款去赚钱，他们「主动式创造」，创造机会，不等问题发生，他们主动向前思考，预防问题才是重点！

   你呢？

   再看一次图一跟二吧！

5

经营你的顾客，不等于对顾客推销

100%

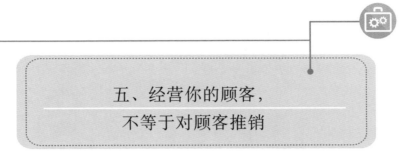

五、经营你的顾客，
不等于对顾客推销

「我最近有一个老客户，过去跟我买了很多保单，最近我跟他连系，去了三、四次，每次都说好，但最后都没购买，最近都不接我电话，只回微信，我要怎么办？」，一个学员问我，怎么办？「怎么办？」是什么意思？我反问「就是怎么让他成交」！哦，成交是一种自然衍生的顺序一（节录自**催眠式销售**一书，北京联合出版公司）

这 Case 看起来、听起来，不大符合自然衍生的顺序，这表示，要成交，得重新调整顺序，顺序对了，结果就是你要的，顺序不对，当然，结果就惨了！

哪里的顺序不对？你可以试着辨识看看，一般而言，人们说出来的话，在系统思考中叫做「症状」，在催眠治疗称为「口语」，合并起来就叫「口语症状」。

人们的口语症状会同时透露出表意识及潜意识讯息，如果你不懂得分辨与解读，往往会陷于去处理症状，而找不到真正的核心重点，称为「杠杆」；处理症状会进到云雾之中，让人更看不清事实，结果就更糟！

靠脚力

王老闆： 我已经跟你买了很多保单了，现在没那么多钱再买，过一段时间再说吧！

你： 是没错，非常感谢王老闆的支持，让我有机会持续为您提供服务，那您也知道，您过去所买的保单，也都是您觉得有需要才买的，对您只有好处啊！

王老闆： 话是没错，都是有需要才会买。

你： 这一张不也是您觉得有需要，才建议您买，我不会提供您不需要的，您放心。

王老闆： 我知道，不然这样吧，你把资料留下来，我考虑清楚再通知你。

你： 您要考虑哪些呢？

王老闆： 我现在还没想到，想到我再跟你讲，就这样吧！

你： 哦，好吧，您考虑好再说，我再跟您确认。

重点

从上例，你可以看出处理口语症状的后遗症，「症状解」就像肥皂泡愈弄愈多！

要从人们的口语症状辨识出表意识与潜在意识讯号（息），不是件容易的事，因为大部分销售人员并未学习钻研系统思考，从整体结构面辨识何谓「症状」，何谓「杠杆」，这也是威力行销研习会训练与教学，着重于对「人」的专业，同时，整合在系统思考的结构，才能真正带领各级销售人员、业务主管与领导人，持续有效地突破现有绩效、人力的作法，而不是传统的推销话术与说服技巧！

其实，这位顾客只是表现出正常反应，他（她）是对的，第二章就谈过，不论保障或复利增值的储蓄规划，都不是用买的，销售人员与顾客都用了「买」这个字，既然是买，他就是被推销的对象，而人们大多不喜欢被推销，不是吗！

再者，他说他之前就已经跟这位销售人员买很多，意识上自然就觉得，我已经过去跟你买很多了，现在就没必要再重复原有的购买行为。

 靠脑力

王老闆： 我已经跟你买很多保单了，现在没那么多钱再买，过一段时间再说吧！

你： 王老闆，你还记得之前我和您提的建议吧！

王老闆： 记得啊！

你： 您就当我什么也没说，把建议书丢掉，您知道为什么吗？

王老闆： 不知道。

你： 之前提供给您的，如果是您要的，您早就做规划了，不是吗？

王老闆： 是啊！

你： 到现在都没做，那肯定不是你要的，没错吧！

王老闆： 也是。

你： 从您的财务与过去规划来看，您的本质型规划多，还是，时机型规划多呢？

王老闆： 什么是本质型规划？时机型又是什么？

你： 本质型指的是，本来就要做的风险转移，如寿险、医疗险、意外险、长照险等，本来就要做的保障。

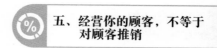

　　而时机型指的是，在某个不一定的时间点，拥有利率较佳或比银行定存利率高，同时，又可弥补保障不足的规划，如投资型保单、分红型保单、复利滚存的优惠储蓄险、可赚取汇差的外币保单或与基金连动的险种，就叫时机型规划。

王老闆： 我懂了。

你： 所以，您回想一下，过去您都偏向哪种类型的规划呢？

王老闆： 时机型。

你： 很好，既然偏重时机型，那或许您的时机型规划成本与额度应该高过本质型的额度与成本，没错吧！

王老闆： 是没错。

你： 那表示，您的风险比您的时机型规划带来的效益更大，难怪之前的规划不是你要的！

王老闆： 也对。

你： 原来，风险转移的本质型规划，才是您潜意识想要的，只是，您一直没发现而已，对吧！

王老闆： 没错。

你： 您问问自己，是否愿意让自己的财务或健康曝露在风险中，只因自己小小的疏忽吗？

王老闆： 当然不愿意！

你： 那要怎么办？

王老闆： 那就看看要做些什么，要怎么做囉！

关键

　　经营顾客就是经营自己的事业，只顾着推销、说明、促成、建立或利用人情来达到自己的销售目标实不足取，然而，大部份的公司、业务主管与销售人员依然乐此不疲，殊不知，顾客们，早已被过去的销售

人员给训练的，知道该怎么去防堵业务员的人情攻势、产品导向的推销了！

对顾客过去与现在规划过的历史、经验与属性不但要有兴趣，同时，也要诱导顾客选择

1. 什么是对他（她）目前或未来最有利的规划，在哪几个标的上？

2. 什么是可与他（她）原有规划在属性或功能上可互补之功能与价值。

3. 又或者，最基本的，什么是他（她）该有，却还没有的规划标的与利益。

换句话说，你不是去推销一个产品，而是让顾客愿意自动地与你产生良好的互动，不知不觉地让他（她）透露出原来拥有的及规划的喜好，这样，你也才知道你的介入施力点是什么，杠杆点要如何找到，一旦杠杆出现，顾客意识与行为将会随着杠杆而运行，俗称「借力使力，而不费力」。

不过，简单，是从「复杂」来的！

这一块钱投下去~
万一愿望没实现...
不就血本无归了！

你也许不想再多花一块钱，
除非每一块钱都能为你带来10块钱的价值。

6

遇到极度固执、主观甚强的顾客时，你该怎么办？

100%

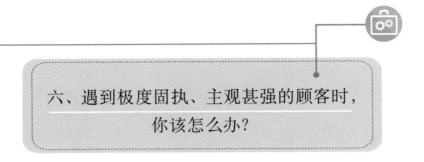

六、遇到极度固执、主观甚强的顾客时，
你该怎么办？

说不动的顾客，总是有自己人生经验或环境背景带来的「独到」见解，有时，是其人格特质所带来形之于外的行为表现，往往会和销售人员唱反调。这也是自 1997 年我创办威力行销研习会的初衷，大部分（99.9%）在销售上搞不定的，不是产品、价格、增员计划与销售人员拜访率的多寡，而是，搞不定「人」。

你开发销售的对象是人

你增员的对象是一人

你辅导的 Agent 一是人

你自己一也是人

在销售事业上，把「人」搞定，Case 就搞定了，不论在个人销售、增员或是带领团队、辅导 Agents 皆然！

然而，对「人」的专业，却不是各大保险公司、经纪人公司训练销售人员的重点，他（她）们太爱自己的商品、公司与增员计划，这是对的，然而，却忽略了同样重要对「人」的专业。

对「人」的专业，在销售与领导统御的过程与成效上，怎么强调都不为过！

靠脚力

王老闆：我跟你讲，你不用说这么多，你把数据摆着，我自己会算！利率、保障我都很清楚，不用你说明。

你：可是，没有说明，你怎么会知道这份建议书的重点呢！

王老闆：重点我自己看就知道，其它细节不重要，只要看到利率高低，就知道要不要做，划不划算，放着吧，我自己会看。

你：可是，王老闆，除了利率，还有其它的功能啊。

王老闆：就跟你讲那些都不重要，我自己知道该怎么做！

你：……

重点

销售在面对顾客时，要顺着顾客的人性走，销售人员自我训练时，要逆着自己的人性走，颠倒顺序，你就毁了！

为什么？

不论顾客的主观意识有多强，他（她）也还是「人」，只要是人，主观意识的强弱皆为可运用之资源，如果你将之视为拒绝或抗拒处理，或硬着头皮要说服他（她），那就是自找麻烦。

顺着顾客的主观意识，他（她）自己就能找到转换的杠杆点；一个主观意识强的顾客不要你说明，不是拒绝你，他（她）正表现出其接收信息、消化信息并进而选择采取行动的模式，如果你看不懂，脑袋光想着：「怎么办，他（她）根本就不听我说明，那要怎么样才能让他（她）听我说明？」你就真的要去换一颗新的脑袋，免得浪费时间、精力，销售也不见突破！这也就是说，要突破，成交命中率比原来好十倍以上，

你要先学习突破你自己，并勇于挑战旧有的销售方式，毕竟，做肉粽的原料与方式，你不能期望它最后产生起司蛋糕的结果与价值。

 ## 靠脑力

王老闆： 我跟你讲，你不用说这么多，你把数据摆着，我自己会算！利率、保障我都很清楚，不用你说明。

你： 王老闆，如果你只在意利率与数字，您要看的，就不只是单纯的利率与数字，您知道为什么吗？

王老闆： 不知道？

你： 2.25% 的利率您不会觉得高吧！

王老闆： 不会！

你： 那跟银行定存利率 1.25% 比呢，谁高谁低？

王老闆： 2.25% 高啊！

你： 一年多 1%，10 年就多 10%，有没有差别？

王老闆： 当然有差别。

你： 当您把 100 万放在银行，跟放在优惠转存的储蓄账户里，您应该会想看看，经过 10 年后，您的钱会有多少与多大的变化。

王老闆： 哦，那我还真想看看，有什么不一样？

你： 王老闆，您为什么想看看这之间的不同呢？

王老闆： 这样我就知道孰优孰劣啊！

你： 知道孰优孰劣后，您要做什么呢？

王老闆： 我才知道怎么做比较好，不吃亏嘛！

你： 王老闆，我了解了，这样您才知道要怎么做才是最好的，是吗！

王老闆： 是啊！

你： 那，就让我们一起来看看，这之间的差异吧！

王老闆： 好！

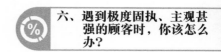

关键

　　顾客主观意识强，不听你说明，只看利率与数字，其它一律不重要，那很好，就利用他（她）的主观意识与吸收、消化信息的方式，来影响他（她）自己，不就好了吗！为什么硬要逆着他（她）的人性，而顺着你的人性走呢？！

　　如果有人跟你说「那只猫好大」，你会不知道他说什么，因为你没有画面，也没有一个相对物可资对比，所以「那只猫好大」对听到的人而言，有说等于没说！

　　「站在收音机旁边的那只猫，好大」，你突然有画面，因为，有相对比的对象，同理，既然他（她）要自己看到利率与数字，表示他（她）比较会依据利率数字高低来衡量是否要做规划，那就用另一组利率与数字来衬托出其要比较高、低做为决策依据；说明，在这阶段，还真不是个重点，**他（她）又没要，有什么好说明的呢！**

　　销售时，要放下自我，才能成就更高的自我！

　　你要说什么，问什么，做什么，都不是重点，你的顾客呈现什么，你是否能观察辨识，以及如何利用你所观察的，当成杠杆，似乎才是真正的重点，你觉得呢！

我可以预见退休后..
我的豪宅所在地了!!

欢迎回来~
我的新主人

你现在所放进来的每分钱，
都在你的退休账户里膨胀、发酵...

7

启发你的顾客，不是推销

100 %

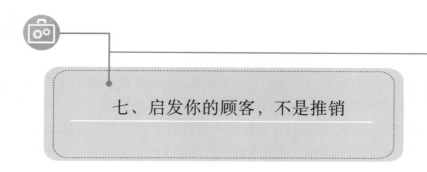

七、启发你的顾客，不是推销

我曾在《催眠式销售》这本书中，揭露一项关于顾客端被推销人员推销多年后，产生的心理变化，过去销售信息泛滥，推销员无孔不入，也无所不用其极的对目标对象推销，频率、次数之多，久而久之，人们就大多会有如此这般的反应！如果你在路上、捷运站随便拦下一位路人，问他（她）们喜不喜欢被业务员推销，或接到推销人员的推销电话，你应该很快就知道，对方的答案与反应会是什么了！

有位学员有次很急的打电话来，问我说她的顾客原来已经答应要做外币保单（那时是美金）的规划，一年要放10万美金，都已经讲好了，也签了约，只是没陪顾客去银行领钱转账，结果顾客自行前往银行处理，而银行理专却把这位顾客给「洗」掉了！理专在了解顾客为什么要领这么多外币与用途后，也提了一份银行代理某保险公司的外币保单，并且证明，在相对等的保费之下，利率比较高，年期也一样，你可以想见，这Case就要被「洗」掉了！

学习系统思考的好处，自然是从整体结构寻求突破的杠杆，只是要不断的阅读、练习与接受训练，并非上一堂课就能熟练运用，特别是在每件Case都不会一样的情况下。

 **靠脚力**

王老闆： 你看这是银行给我的美元保单的建议书，你算看看，是不是利率比你的高！这叫我不跟银行买也很难吧！

你： 王老闆，我已经看过也算过，他们的利率真的比我们的漂亮，不过，凭我们的交情，还有为您服务这么多年，至少您也可以帮我一下啊。

王老闆： 我是很想帮你，所以我先拿银行推荐的来给你看，不然，当下我就应该会跟银行买了，你看看可不可以跟他们提供一样的利率？

你： 唉！公司出的商品，我也不能随便说调高利率就调，这是公司精算过的，不可能改，您就当帮我一次，而且，我的服务您又不是不知道，一流的！

王老闆： 这不是帮不帮的问题，你要我怎么帮，钱就是钱，差了1%之多，10年下来就差10几%，而且还是美金，我看，如果你们不行，那我就只能跟银行买了！

重点

　　传统业务员还蛮喜欢以「人情」作为推销的手法，在这过去50年来也一直是大部分销售人员「不知不觉」就会用到的，而他们也觉得无伤大雅，不然，跟潜在顾客泡茶、聊天、请吃饭等等建立关系是要做什么用的呢！

　　曾几何时，「人情」反过来变成销售时最大的阻碍之一了。不仅如此，它还扼杀了销售人员在潜在顾客心中的专业形象与地位，基本上，当你以「人情」做为销售依据时，你已经失去了潜在顾客们对你的

专业信任感！纵使成交了，那也是系统思考称为：「有短暂利益，却造成长期伤害」，所谓「饮鸩止渴」的系统基模。

 靠脑力

王老闆： 你看，这是银行给我的美元保单的建议书，你算看看，是不是利率比你的高！这叫我不跟银行买也很难吧！

你： 王老闆，我已经看过也算过，他们的利率真的比我们的漂亮，您是不是认为就数字上来看，应该要跟银行做规划，没错吧！

王老闆： 是啊！

你： 王老闆，这么说好了，当您有天要换车，到 A 经销商买是原价，到 B 经销商买则便宜了 RMB￥6000 块钱，然而从交车日起，任何保养、进厂维修，您都要亲自把车开进维修厂，等车弄好了，他们再通知您，您再花时间去厂里把车开回来，而您是一位大老闆，海峡两岸都有生意，飞来又飞去，时间对您来说也许是最珍贵的资源；这是第一个选择。

王老闆： 那第二个呢？

你： 第二个选择，当您跟 A 买了同一辆车，从交车日起，只要是任何保养、进厂维修，都有专人将车开回维修厂处理，等处理好了，再将车开回交还给您，这期间也提供代步车供您使用，您是一位大老闆，两岸都有生意，时间就是金钱，请问，您现在会跟 A，还是 B 买车？

王老闆： 当然是跟 A 买啦！

你： 为什么会跟 A 买？

王老闆： 这还用讲！它的服务，还有我的时间跟方便性呐！

你： 您说得一点都没错，王老闆，您回想一下，一直以来，不论是房产合一如何节税、资产保全、风险转移等专业理财规划的讯息，是不是都是我主动邀请您来说明会，好帮助您在专业知识下，做好资产倍增与资产保全的依据！

王老闆： 是啊！

你： 而银行理专是在您上门领钱的时候再向您推销的，是吗？！

王老闆： 是这样，没错！

你： 王老闆，如果我多年来提供给您的主动性服务，其价值还比不上银行多给您的那 1% 利息，那您可以直接把我 Fire 掉，跟银行做规划就可以了！

王老闆： 好了，你不用多说，不啰嗦，当然是跟你做规划，这些日子你提供的服务早就超越那 1% 的价值，就照你规划的来做吧！

 关键

案例 1. 是传统业务推销的内容，案例 2. 则是启发顾客的架构，「启发」一词指的是「启动并使其发现」，是使顾客内在驱动力启动的架构，你是否能发觉这其中最大的不同是什么？

一个简单的同类隐喻是比较有效的作法；然而，若是用告知或说明的传统推销方式，像案例 1. 一样，去告知顾客，你的专业服务价值何在，是完全徒劳无功、浪费口舌的动作，既然如此，为什么一堆资深业务员与主管仍乐此不疲？

他们对推销、促成、解决问题有兴趣，对顾客（人），没太大兴趣！

他们喜欢针对一个问题，去想一个相对性的解决方法或答案，以为解决了问题就没问题，既然问题被解决了，就能成交；没料到，解决

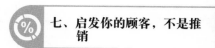

完一个问题，竟然还会出现其它问题。

　　他们不爱钻研「系统结构」，因为「系统结构」要迫使他们「动脑」，而他们不喜欢动脑，他们依赖「直觉反应」或「直线性反应」，不过，你会发现，销售时愈怕麻烦，就愈麻烦！还是训练自己，动动脑吧！

你有两个每个月要花学杂费的孩子、一个住院的母亲、
一个在家等买菜钱的老婆，还有你那分期购买的房子...
而你到现在还没心情听听未来你该怎么办 !?

One man, One Engine.

100%

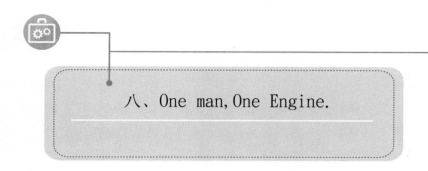

八、One man,One Engine.

为什么名闻世界的超跑及名车，都时兴 one man,one engine？

不只如此，他们更在车子组装在线，用金属铭刻引擎技师的签名，并贴在引擎上，让车主一打开引擎盖，就会看到负责的技师是谁。

在台湾，咱们叫这种技师为「黑手的」－台语发音，黑手的技工与师父，在我们这里的社会阶层与文化认定，是一群「不会念书或不认真读书，成绩很差，老师放弃的学生，最后的出路，去跟黑手的师父当学徒」。

「黑手的」由来应是形容技师在修理机械时，手上的油渍让手变得黑黑脏脏而得名。而一般人对「黑手的」工作环境也欣然接受「脏脏的」，充满油污的场所，工具散落在地上，而也绝不会有人会在地上打滚。

有回，我参观了英国超跑 McLAREN，负责接待的业务告诉我，在英国的组装厂当地负责接待经销商的主管，会亲自跪在厂区的地上亲吻，向他们证明就连工厂都要求到一尘不染的境界，不只是因为他们的老闆有洁癖，每一个有关于造车与设计执行的细节，皆马虎不得，这也是F1 赛车常胜军造车的终极理念，造价不斐？没错，终极的驾驭体验？只给少数人拥有，应该说，只给懂得欣赏的人拥有！

靠脚力

王老闆： 你们这些做业务的，一张嘴能把黑的说成白的，死的说成活的。

你： 也不是这样讲，王老闆，如果没有我们那么辛苦的跟您介绍说明保全资产的内容，那您不就没有信息来源了吗！更何况，王老闆，这也是您有需要的，不是吗！

王老闆： 有需要，不过不是现在。

你： 王老闆，风险跟意外，不知是哪一个先到，天有不测风云，这很难讲，宁愿现在做好，也不要等风险发生时后悔不及，我相信您也懂这个道理。

王老闆： 我当然懂，只不过，你谈的也是一大笔金额，而且要连续好几年，这笔钱我拿去投资，可能都还比较有效益，做生意，不能让钱「冻」在冰箱好几年，这是不对的，我又不是脑袋有问题，还是就这样吧！

 重点

你对销售的定义，将决定你在销售事业上的命运！

如果你的销售绩效不彰，认真老半天还赚不到什么钱，命运坎坷至极，三餐不继，家人反对你继续干下去，顾客也瞧不起你的专业…算了，不能再讲下去，离阵亡不远矣！

业务员是商品推销员，商品解说员，卖弄人际关系的公关，解决问题的问题解决者，不论你对销售的定义是哪一项，最后，你都会成为

你自己定义的那一种人，发展出属于那样的销售行为模式，而且，自己还不自觉！

靠脑力

王老闆：你们这些做业务的，一张嘴能把黑的说成白的，死的说成活的。

你：王老闆，您的意思，应该是您不喜欢被传统的业务员推销，是吗！

王老闆：是啊，你怎么知道！

你：这意思是说，只要不被推销，然后，您发现资产保全的确能为您平衡投资产生的风险，同时，那也是您要的，那您自己就可以规划了，不用讲那么多，对不对！

王老闆：对！没错！

你：OK，王老闆，那，您认为，什么是在保全您的资产上，最重要的一件事呢？

王老闆：应该是节税吧！

你：很好，还有吗？

王老闆：再来就是规避投资风险啰！

你：还有吗？

王老闆：其它我想不到了！

你：王老闆，您的意思是说，在保全资产的规划上，您最在意的就是：1. 节税 2. 投资风险的转移或控管，是吗？！

王老闆：没错！

你：既然如此，那我们何不一起来看看，这要怎么做！

王老闆：好啊，怎么做？

关键

销售，是建立在帮助顾客得其所欲的基础上，你成功帮助的人愈多，得到的成就、价值感与收入自然水涨船高。相对于一味的推销或利用人情来推销，你自己就能一分高低，孰优孰劣！

在人性的结构上来说，**人们有不要的，反过来说，就有要的！**

人们不要肥胖，反过来，要的是什么？人们不要被推销，那反过来，他（她）要的，是什么？

你要训练自己去思考，正反二面都是力量，也都是资源，不是只呆呆的想着，顾客说不需要，太贵了，考虑考虑，你要如何解决，这不是去想解决方法或答案，而是一种正反二面的思考训练，你的公司与主管不会这么训练你，你要自己训练自己。每天我们都听到商业媒体谈产业升级与创新，企管顾问专家又不断创造企业管理新名词，赋与新的定义，全世界的产业都在追求进步、突破、创新，像是一艘停不下来的快艇，妄想用超音速飞越海面，而同时又要求稳定不会翻船一样，虽然目前尚无结论，然而，你会发现，传统的以人为主的业务团队，却仍停留在旧有的思惟与做法上，丝毫无动于衷，反正只要有业绩就好，团队只要有人就好，业务员来来去去也没关系，人海战术竟也成为某些业务领导人发展业务团队的手法，黑手师父型的销售人员与企业家型的销售人员当然有其划分的必要，虽然，企业家型的业务，其产值是黑手师父型业务的廿五倍，不过，你猜猜，是哪一种型的业务员多呢？

黑手师父型业务	企业家型业务
销售依据：人情销售	销售依据：学习建立对人的专业
自我定位：商品解说员	自我定位：发掘与激励顾客采取购买行动的专家
销售方式：告知、说明、说服	销售方式：观察、描述、确认
销售对象：以每个人为对象	销售对象：以特定族群为对象
重视标的：销售周期长、重视顾客拒绝理由处理	重视标的：销售周期短、重视前置作业
成交命中率：命中率20%（成交）	成交命中率：命中率80%（成交）
销售信念：重视拜访量	销售信念：重视命中率与持续性
销售设定：经验导向	销售设定：知识与建立系统

老师在讲你有没有在听
两个都是「黄金」..
你要听哪一个？

有的问题一文不值，有的问题却值千金，
你现在要听哪一个？

9

顾客买的，不是商品本身

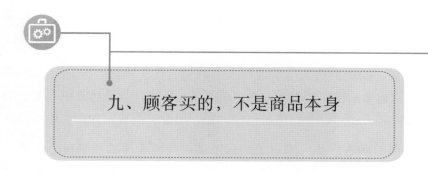

九、顾客买的，不是商品本身

什么？！顾客买的，不就是商品吗！

怎么不会是商品本身？

不相信？

你可以去问任何一个开 BMW 或是 Ferrai 的车主，为什么非买价格昂贵的名车，在理性逻辑上，不是只要有个四轮的交通工具，可以载着到任何想去的目的地就好，TOYOTA、Nissan 价格亲民多了，又省油，那多出好几 10 倍，甚至百倍的价格，再加上一点也不省油，不过就是辆车嘛！干嘛花那么多、多余的钱去买辆 Maserati？

完全不合逻辑，是吗？

也许你会说，保险或金融理财商品又不是汽车，人们不会有品牌情节，在做任何金融理财的购买与规划时。所以，任何的保险、金融理财的商品在销售时，顾客都会透过专业的销售人员，理性睿智地经过需求分析，让顾客在最理性的情况下，做出最理智、聪明的购买行为与决定。

哦，那是传统业务员自以为是的乌托邦，与现实人性完全不符的理想世界。

还记得 2008 年金融海啸吗？再回头查看当时的肇因，不就是从次

级房贷，衍生性金融商品销售而来的，那个时候难道美国没有金融监管单位来监督金融单位吗！

　　消费、投资、购买，永远和人的欲望有关；理性，是透过人们的主观意识包装后的欲望表现，说穿了，还是欲望，只是透过主观意识的包装后，让人们「以为」那是一种理智、理性的消费行为，如此而已！

　　人们的购买行动，来自于购买冲动，而购买冲动，来自于购买欲望，欲望则来自人们的潜意识，而不在表意识！理性是表意识司掌的功能，不存在潜意识里。

靠脚力

王老闆： 说实在话，你真的觉得我有需要保险吗？

你： 当然有需要，怎么会不需要。

王老闆： 你认为我会缺钱吗？！

你： 不缺，您是上市上柜公司的执行长，应该是不会缺钱，可是，风险不一样，它不会因为您有钱，就不会碰到，不是吗！

王老闆： 那你觉得，风险来时，我的能力是否能应付，还绰绰有余！

你： 话是没错，以前也有像您一样的大老闆也是这么说，可是，毕竟风险转移给保险公司，不是比较好吗！

王老闆： 谢谢你，你很认真，不过，你应该知道我是没有需要的，钱多一个零或少一个零，对我没太大影响，还是谢谢你！

重点

　　许多资深业务员或是主管都会说业务做久了，最主要跟顾客谈的是观念，只要顾客认同你这个人，商品是不用说那么多的，顾客自然就会购买；他们说的应该是真的，因为，他们的业绩大都十之八九是这么签进来的！

　　只是，谈观念的人很多，现在许多潜在顾客比销售人员还有观念，不论在投资、理财或保障上，那么多人强调观念沟通与传递的重要性，为什么还是有那么多业务员的绩效不彰？！惟独少少的那几位成绩很棒的资深业务员呢？！

 **靠脑力**

王老闆：说实在话，你真的觉得我有需要保险吗？

你：王老闆，我懂您的意思，您的财富雄厚，根本就不缺钱，哪里会需要保险，对不对！

王老闆：是啊！

你：您听听看有没有道理，您有两亿的资产，而我有两百万的总资产，所以您的资产是我的几倍？

王老闆：一百倍！

你：没错，那代表您的命比我值钱一百倍，没错吧！

王老闆：应该是！

你：那代表，您的财务风险也比我高出一百倍，对不对？！

王老闆：为什么？

你：因为，我如果做生意全赔，是两百万，您是两亿，您的财务风险不是比我高出一百倍吗！

王老闆：这么说也没错！

你：那您的保障，有没有比我高出一百倍？

王老闆：当然没有！

你：所以，如果您以为资产愈多，就愈不需要保险，事实刚好相反。您知道为什么吗？

　　因为您的财富愈多，代表您的生命就愈值钱，资产愈多，资产风险也跟着提高，而风险愈高，您就愈要做好人身健康、生命安全与资产保全的风险控管，王老闆，我没说错吧！

王老闆：听起来有道理，那我要怎么做，做些什么？

你：您可以自己选择优先顺序，一是人身健康，生命安全的风险转移，二是您努力创造的资产保全，您要从哪一部分先开始？

王老闆：应该是先从人身健康，再来是资产保全。

你：为什么呢？

王老闆：健康是第一要务，疾病风险转移做好了，再来谈资产保全吧！

你：我了解了。

 关键

当你销售时的观点比顾客高，他（她）就会跟着你的铺陈走。

当你的观点与顾客一样高，你们就会形成拉锯！

当你的销售时的观点比顾客更低，你就完了！

什么是**更高的观点**？

如何具备更高的观点？

至于为什么要具备更高的观点，你应该很清楚原因何在。

观点与观念二字是完全不同的，观念，是一种较形而上的概念，

它不必是明确的标的，可以是一种或多种想法；而观点，则是较明确的标的，可将某种观念附着于明确的标的上；观念较趋近于形容，而观点，则有实际的名词呈现。

销售人员具备更高的观点，是要特别学习与锻炼而来的，相对于高观点，则是低观点层次的销售，商品导向的销售是属于低观点层次的销售，任何的促销办法（降价、赠品、折扣优惠…）也都是属于低观点层次的销售。顾客导向的销售与专业影响力的销售则属于高层次的销售。

即便如此，80% ～ 90% 的销售人员仍处于商品导向的推销，不在高层次的观点范围内，因此，他们的脑袋装的大部份都是「如何成交」，而不是「如何让顾客自己跟自己说要」；要训练自己从一个传统的商品推销员，到成为一位让顾客自己要的专家，你必须学习建立并具备：

1. 对「人」的正确解读力

2. 对「系统结构」的正确辨识力

3. 对「名词」与「事件」的正确定义或重新设定的能力

那么，你要如何学习具备并拥有比顾客与竞争对手更高的观点呢？

请参阅《超感应销售》一书，第 9 章：〈为什么顾客喜欢能启发他（她）的人，而不是佣人？〉（高宝书版，作者：还是张世辉。）

10

人生，最大的风险就是，
忽视风险

100 %

十、人生，最大的风险就是，忽视风险

趋吉避凶，不只是古代占卜或现代命相、星座解析之事；保障（险），亦可被视为现在占卜之显学，它不用测字、摸骨、看面相，就能将你这辈子有钱、没钱、健康、不健康、寿命长短的大部份风险项目列出，并一一搭配你年龄、身心健康、收入、家庭人口数及所承担的家庭责任、企业家责任列出每项风险你所要承担的代价，并逐项标上价钱，让你知道自己所承担风险或转移风险给保险公司，各自要付出什么样的金钱代价。

保险－现代占卜之最终极呈现！

既然如此，人们为什么还是会忽视风险呢？

主要原因，不外乎：

1. 怕被推销、不想花钱买保险。

2. 怕有人情压力，业务员死缠烂打。

3. 太有钱，不在乎风险，觉得不需要，自己就能承担风险。

4. 太穷，或负债太多，连三餐都不继。

5. 有不愉快的购买经验。

6. 觉得保费太高、利率太低，和投资比较起来。

7. 不喜欢面对风险、讨论风险，认为会触霉头，或忌讳。

8. 不想让业务员或保险公司、保险经纪人赚他（她）的钱。

9. 觉得保险公司都在骗保户的钱。

10. 保单条款解释空间大，不一定会理赔或全数理赔，认定自己是相对弱势。

11. 还不只如此，有人认为自己不会那么倒霉，什么疾病、意外、退休金不足等风险都不会发生在他（她）身上。

12. 更有人说，不要留钱给家人，于身故后。

干嘛，是有仇吗！

 靠脚力

王老闆： 我才刚创业，不急着做退休金规划。

你： 王老闆，你虽然年轻有为，可是，你愈早做好退休金规划，以后年纪大就没有负担，不是吗！

王老闆： 可是我现在有负担呐！创业维艰，到处都要用到钱，我现在没有心思想这个。

你： 王老闆，现在做规划正是时候，因为再过几天就要停卖，以后就没有那么好的条件，若要有同样的利率跟功能，以后保费就涨了，你要不要现在立刻就买下这张单。

王老闆： 我现在还真没想这件事，停卖、涨价，不关我的事，等以后再说吧！

重点

传统的销售思惟，并不会将顾客的问题，转换成资源用，所以，把问题当成问题来处理，其后遗症显而易见：会引来更多问题，让急于成交的销售人员疲于奔命，穷追猛打，依旧成效不彰。

要学习将问题不当成销售阻碍，而要当成资源，首要之务，是不去制造让顾客有说「不」的机会，预防胜于治疗，而不是等问题发生，再去被动的想要怎么解决！

孙子兵法中，他主张：「上兵伐谋，其次伐交，其次伐兵，其下攻城。」运用在销售实务上，亦有异曲同工之妙，「销售时，要让顾客尚未有防备或不引起抗拒下，即已成交，并封杀其考虑竞争者的产品及服务。」－上兵伐谋

「次等的就是让顾客有抗拒与异议，与之交战，处理并解决各项抗拒。」－其次伐交

「再次等者，与客户进行价格之争，或处理之前的抗拒而产生的更多衍生的问题」－其次伐兵

「最下等之策，是与客户争辩，而导致赢得雄辩，失去订单。」－其下攻城

 靠脑力

王老闆：我才刚创业，不急着做退休金规划。

你：那当然，王老闆，你这么年轻就创业，而且已经有一定的规模，真

不简单。

王老闆：还好啦，也是很辛苦，很努力得来的！

你：没错，这就是你令人激赏的地方，这么年轻，比许多同年纪的年轻人要成熟，有企图心多了，对了，我想请教你，你刚刚是不是说还年轻，不急着做退休金规划，是吗！

王老闆：是啊！

你：那你在 10 年或 20 年后，你也还在壮年期，没有退休，而每年或每月却都能领到 2～20 万，不管你怎么称呼这每年或每月领到的钱－退休金、旅游金、孩子教育基金，皆可，你觉得有领好，还是没领好？

王老闆：当然领好！

你：为什么领，比较好？

王老闆：有存当然要领啦！

你：那你知道这要怎么存，怎么才能领到吗？

王老闆：不知道，要怎么做？

你：现在让我们一起来看一看，这要怎么做！

王老闆：好。

 关键

反应（线性）与思考整体结构的能力是截然不同的。当然，运用在销售与领导业务团队或经营企业上也会相差十万八千里。

要丢掉直线性反应（指得是针对问题去想解决方法）的主要原因，是因为，问题像肥皂泡，愈弄泡泡愈多！而人们倾向于去处理问题并对问题作反应的原因，往往来自于经验与直觉或特有的人格特质，甚至是家庭教育环境，又或者，直线性反应不必动用太多脑力所致！

动脑时间：有购买能力的顾客说还年轻，不需要做退休金规划，反过来的意思，就是，还年轻，就能领到退休金，然而还不到退休的年龄！这样，接受吧！

既然顾客的反应是接受的，那表示你不能只听他（她）字面上的意思，那是表意识的反应，而他（她）真正的意思，是在潜意识里，连他（她）自己都无法察觉，因为无法察觉，所以你会以为他（她）说的意思就是字面上的意思，连他（她）自己都这么认为！

直到你能分辨潜意识的语言与讯息，你也才能藉由 1. 观察人们的潜意识反应 2. 整体结构的辨识，找到突破的杠杆点。

分辨人们潜意识的反应，请参阅《超感应销售》一书，一高宝书版，里头有详尽的案例与说明！

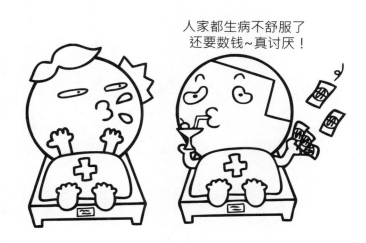

不要羡慕别人躺在床上生病还有钱领。

11

情绪与事实的争战

100%

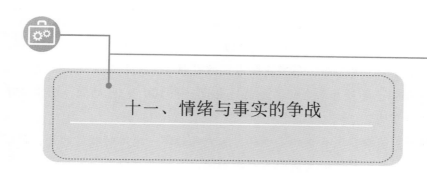

十一、情绪与事实的争战

情绪－喜怒哀乐，不仅是人们内分泌系统的化学反应，（针对内、外在刺激），更是上帝给人类最宝贵的资源，既是最宝贵的资源，我们就不该滥用它，而恰好相反的是，大部份的人，不但滥用上帝给我们最宝贵的资源之一，还影响了其他的人，当然，有不好的负面情绪带来的负面影响，也会有正面情绪带来的正面影响，你猜猜，这世上拥有正面情绪的人多，还是怀有负面情绪的人多？

顾客的情绪当然会影响购买决策的依据，而人的情绪极易受外在环境变动而产生不同的变化，有些是短暂的起伏，例如看一部电影，心情会随着情节错落而有不一样的变化，不过，那很短暂。而大部分的情境变化所带动人们情绪的转变很少会是永久的，除非是重大变故或不依循此人的常态，在意料之外的，或许会永久改变一个人的情绪状态。

靠脚力

老闆娘： 每年年缴 100 万，十年期有点压力，可以减少一点吗？如果不行，那就不做也可以。

你： 王老闆，妳是老闆娘，家里的总管，对妳来讲，这怎么会有压力呢！

老闆娘： 就是因为是总管，算一算，还是觉得压力很大，我们的支出也很多，万一现金轧不过来，跑银行三点半，不就惨了！

你： 不会啦，老闆娘，妳不是怕老闆钱乱借人家吗？而且讲好是要为二位公子存教育基金的，之前妳也说一年100万OK的啊，怎么又不行了呢？

老闆娘： 唉呀，做生意就是这样，客户的钱不一定准时收的回来，该事先要付给供货商的又不能不给，我们也有难处。

你： 那要改成多少呢？

老闆娘： 我跟老闆讨论一下，再告诉你！

重点

　　反悔的顾客，是销售人员的梦魇，原本要，后来又不要，而得到的理由更是五花八门，无论理由为何，最后的结果就是，要退件或契撤，而销售人员此时会急着保全，不处理还好，愈处理往往愈糟，十之八九这样状况下的Case都救不回来，出动十辆消防车、三辆救护车也没用！若有10%～20%挽回的机率，已经是不幸中的大幸！

　　购买者的反悔，自有销售历史以来，从未停过，最好的处理方式，是在一开始的销售前准备中，目标对象的筛选，以及成交后建立完整的服务纪录，等发生了再来处理，应属于下下策，由此可见，销售前的准备与建立成交后的服务纪录有多必要！

靠脑力

王老闆： 每年年缴100万，十年期会有点压力，可以减少一点吗？如果不行，那就不做也可以。

你：老闆娘，当初妳为什么要做这份规划？

老闆娘：存小孩教育金。

你：很好，还有呢？

老闆娘：我担心老公钱又乱借人。

你：1. 老公钱乱借人。 2. 孩子教育基金。 3. 每年存 100 万，十年后带来的好处。第三项和前二项相比，哪一个才是妳做这规划最主要的标的呢？

老闆娘：什么意思？

你：十年期，每年存 100 万得到的好处与价值，跟妳担心的问题比较起来，哪个，才是妳真正要的！

老闆娘：……规划的好处与价值才是我要的！

你：老闆娘，恭喜妳，做了最明智的决定！

 关键

　　身为销售人员，不论在销售前的准备，面对顾客的时候，与销售结案之后，你都要清楚地知道，每一步骤与流程，不能含糊带过，至于面对顾客发生了反悔的现象，在策略运作上，你倒是可运用让顾客自己影响自己做决定的方法，借力使力，不仅不费力，还不会引起对方更深一层的抗拒。

　　顾客原始的规划动机与其所担心或反悔的理由相比；或者，购买或规划的好处、价值与他顾虑的问题相互对照，大部分的顾客自己就会影响自己改变，而不必费力去处理或解决他（她）的口语症状。

　　与传统的推销不同的是，并非销售人员要推销什么，而是如何让顾客自己要，而你，只要从旁协助他（她）就好了！

　　轻松、有效、有趣的经行销售事业，才会愈做愈轻松，愈做愈愉

快！

　　担心、害怕、犹豫不决、反悔，都是顾客常会产生的心理与情绪反应，一旦发生，也只有事实二字能将顾客拉回主轴，焦点放在正确的标的上，这也是销售人员必须具备的策略性思考与运作能力！

有人年纪轻轻就退休
到处出国渡假去!!
那我这老头究竟
何时才可以退休...

富有的退休生活与贫穷的无法退休，可是有天壤之别。

12

去「我」化

100%

十二、去「我」化

「我」这个字眼，害死一堆业务员，也直接或间接地影响到顾客的购买行动：

靠脚力

你： 王老闆，「我们」公司最近有出了一张利率不错的商品，「我」跟你讲，不买你会后悔，而且，「我」的顾客都很喜欢，「我」跟你说明一下。

王老闆： 嗯，不用了，我买很多了，不需要。

你： 怎么会不需要，「我」跟你说明一下，你就知道我们这张储蓄险有多好了！

王老闆： 还是不用了吧！我真的不需要…

你： ……

身为销售人员，此时，你还要说些什么吗？

重点

当你跟顾客讲「我」的时候，顾客的注意力是不会放在你身上的！

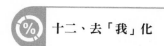

所以呢？把「我」改成「你」，要把顾客的注意力调整到他（她）「自己」身上，因为，人们最有兴趣的，是自己！

靠脑力

你：王老闆，你过去是不是做过很多的保障与投资规划，是吗？

王老闆：是啊！

你：你做的任何一种规划，是不是都是为了增加资产与转移风险而做！

王老闆：没错！

你：既然如此，你在今天以前做的财务规划，从比例上看，是增加资产的规划多，还是转移风险的多？

王老闆：当然是增加资产的多啦。

你：很好，那你赞不赞成，任何一种投资管道，在增加资产与现金流的同时，也会增加风险！

王老闆：没错！这是一定的嘛！

你：而你刚才说，你在今天以前投资规划的比重较多，没错吧！

王老闆：没错。

你：你赞不赞成，投资比重愈高，风险控管就要做的愈好。

王老闆：是没错。

你：人有人的风险，钱有钱的风险，你想从哪一项开始作风险控管呢？

王老闆：先从钱吧！

你可以从这个案例中，找到几个「我」呢？

关键

业务员或寿险理财顾问习惯性讲「我」的时候，注意力在自己身上，一旦将「我」，改成「你」的时候，销售顾问的注意力在顾客身上，而顾客在意的，是自己，不是销售人员。

？ 疑问

那什么时候要用到「你」，什么时候才能用到「我」这个字眼呢？当你要唤起或集中顾客的注意力时，或要顾客关心自己本身规划的好处与价值时，就是「你」出现的时机，想想看，面对顾客时，有多少比例与时间，你是要将顾客的注意力放在他（她）自己身上的呢？除此之外，只要不用让顾客将注意力摆在他（她）自己身上时，就可以使用「我」。

相信我提供的优质决定
彩色人生就在你眼前！

该如何才能摆脱
我的黑白人生

人的一生是所有决定的总和，要有优质的人生，
就要有优质的决定，就像我所提供给你的，快决定吧!

13

「买」跟「卖」
这两个字不能用

100 %

十三、「买」跟「卖」这两个字不能用

为什么？

 靠脚力

王老闆：我买过很多了，真的不需要。

你：你买过很多，代表你对保险很有观念，可是，你一定没买过这一张。

王老闆：大部份我都买过也听过，真的，不需要了，谢谢你。

你：那你知道你买的真的是你需要的吗？！很多人买了一堆，最后都不知道自己在买些什么？不然，我帮你做个保单健诊好了。

王老闆：哦，我已经有个寿险顾问帮我做过了。

你：王老闆，每个人的专业都不一样，我相信我做的保单健诊提供给你的购买建议，一定是不一样的。

王老闆：我知道你很专业，只是，我现在不想再买保险，已经买很多，够了！

你：保险其实根本没有买够的一天，因为意外与风险不知道哪一天会来。

王老闆：我知道，不过，还是谢谢你。

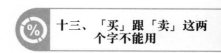
你：那不然这样，我留一份数据，你看完有需要再跟我买，你是一定有
需要的。

王老闆：随你吧！

「买」是一种消费，购成买的要件，一定会有人在「卖」，「卖」指的是推销，而「推销」又使人联想到被说服或有人情压力，现代的顾客偏偏不想要被推销，更不想被说服，人情压力则是能闪则闪，与顾客的互动，「买」跟「卖」无疑增加了销售的障碍，却不被销售人员所察觉。

 靠脑力

你：王老闆，你说，你过去买过很多保险了，是吗？

王老闆：是啊！

你：王老闆，你赞不赞成，退休金与保障是用「规划」的，而不是用「买」的！

王老闆：为什么不是用「买」的？

你：王老闆，你是「买」一份退休金，还是，做了一份退休金规划？

王老闆：应该是做了一份退休金规划吧？

你：因为，保费不是消费，既然保费不是消费，那么保障就不是用「买」的，而是用「规划」的，没错吧！

王老闆：没错。

你：所以，王老闆，你会嫌你的退休金规划让你领太多退休金吗？

王老闆：当然不会！

你：有多的可以领，你觉得好，还是不好？而且，在你的预算内就能做了。

王老闆：当然好。

你：那你知道退休金规划有哪三个步骤吗？

王老闆：哪三个？

 关键

将「买」改成「规划」吧！免的又引起顾客的防卫而不自知。

亲亲吾儿~爹娘爱你的表现就是将「教育基金」备妥了！你长大后要念双博士都没问题

你爱自己的孩子吗？这就是你爱孩子最真挚的表现！

14

顾客没有要之前，什么都不要说

100 %

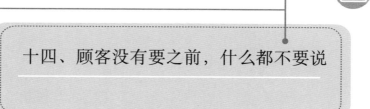

十四、顾客没有要之前，什么都不要说

销售人员的坏习惯之一，就是不管顾客要还是不要，商品说了再说；等商品解说完了，再来追着顾客拒绝的理由跑！然后，解决完一个问题，又跑出第二个问题，等第二个问题解决了，顾客又给销售人员四个问题！

怎么会这样？问题愈解决愈多！

 **靠脚力**

你：王老闆，长期看护险真的很重要。

王老闆：我知道重要，只是我现在没时间，也没心情听，我手边还有别的事情要忙！

你：再忙，也还是要拨时间听听看啊！不然，王老闆，您看明天还是后天我再来一趟，跟您说明一下。

王老闆：这两天都没空，而且中秋节要到了，小孩子要回来过节，等过完节再看看吧！

你：王老闆，其实，小孩回不回来，跟您有没有做长照是没有太大关系的，失能的风险无所不在，不要等发生了，再来后悔，就来不及了，我业务做了 20 几年，看太多这种案例，您应该现在就听听看，反正也不会用掉您太多时间嘛！

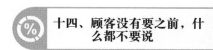

王老闆：我知道你做很久了，也很专业，事实上，我也不缺那些钱，有没有保这一项无所谓。

你：王老闆，您虽然很有钱，也不缺这些钱，但是，一旦发生风险，还是不要给自己跟家人带来负担，不是比较好吗？

王老闆：不好意思，我要去忙了！

你：……

 死缠烂打绝不是一个好策略！

为什么？

愈解决问题，顾客的问题普遍就愈多，代表他（她）的抗拒意识就愈高，而顾客的抗拒意识愈高，你对他（她）的销售周期就拉愈长，结果，销售周期愈长，顾客的购买欲望就愈低！

怎么回事？

愈急于销售，愈成效不彰！

为什么不先确认，什么是他（她）要的，再来帮助顾客得到他（她）要的呢！

 靠脑力

你：王老闆，您的资产如此雄厚，事实上，有没有做长期看护的保险规划，根本就没什么影响，没错吧！

王老闆：说的也是。

你：那您赞不赞成，资产愈多的成功人士，愈在意风险管理。

王老闆：赞成。

你：像您一样的成功企业家，您觉得风险，由自己扛，还是转移给保险公司，哪一项是比较聪明的选择呢？

王老闆：当然是转移掉，干嘛自己扛！

你：哦，既然要转移掉，那我们一起来看看，这要怎么做！

王老闆：怎么做？

 关键

弄清楚什么是顾客要的吧！顾客要的，不是长期看护规划，而是，不要自己扛风险！

不然，你以为他（她）真的对你的商品说明有兴趣吗？

停止当个商品解说员吧！

为什么？

因为，当你商品解说完了，还是有将近80%的顾客没做任何规划的决定，只有20%要了，这还是理想状况，五分之一的命中率，太低了。

换个方式吧！顾客跟你都会开心一点。

一个好老公，胜过一百个好情人，
这就是你爱太太最真挚的表现！

15

问顾客问题与诱导的差异

100%

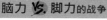
十五、问顾客问题与诱导的差异

为什么不要问顾客问题？

在身为顾客被推销的演化基因中，只要问了问题，顾客就知道要被推销了，那表示要启动花钱程序，除非眼前这位顾客早已经准备要花钱买你提供的规划或服务，不然，你一开口问他（她）问题，逃跑警铃就会响个不停！

 **靠脚力**

你：王老闆，您过去有买过保险吗？

王老闆：有啊！

你：都买过哪几家？

王老闆：很多家。

你：买过哪些呢？

王老闆：不清楚，都是我太太在决定。

你：那我什么时候可以跟您太太谈谈呢？

王老闆：哦，她比我还忙，有需要我再跟你讲。

你猜，「有需要他再跟你讲」，他或他太太会跟你讲吗？

 要让顾客对规划内容与型式有兴趣之前，要先表达对
顾客的兴趣！

要如何区分问顾客问题与表达对顾客兴趣之间的不同呢？？

为什么要表达对顾客的兴趣？

这纯粹是心理学的投射定理，你对顾客有兴趣，他（她）也会反射同样的兴趣在你身上，对你有兴趣，才会对你所说的有兴趣，不然，你对顾客没兴趣，顾客干嘛对你所说的有兴趣！

 靠脑力

你：王老闆，我很好奇，你过去是否曾经做过任何一次，投资理财的规划？

王老闆：当然有。

你：有喔！什么时候的事？

王老闆：10几年了。

你：都用哪些方式，还记得吗？

王老闆：股票跟房地产。

你：赚、还是赔？还是有赚有赔？

王老闆：大部份都赚。

你：之前我有一位顾客，也是和您一样，喜欢投资股票和房产，10几年来都是赚钱，一直遇到我之后，他才发现，除了持续投资赚更多钱之外，他也能透过资产保全的方式，来合法的节省税金支出。同时，也能累积额外退休金的作法，王老闆，您知道他是怎么做的吗？

王老闆：不知道，怎么做？

你：您为什么想知道怎么做呢？

王老闆：就你说的啊，可以保全资产，又可以额外累积退休金，很好啊！

你：既然如此，那你觉得，什么时候开始保全资产，同时又能累积额外
退休金比较好，是，愈早愈好，还是，愈晚愈好？

王老闆：当然是愈早愈好。

你：好吧，那让我们一起来看看，这要怎么做？

王老闆：好！怎么做？

 关 键

　　持续表达对顾客的兴趣，不是问问题；同时，你要延伸对顾客的
兴趣，直到顾客表现出他（她）的意愿或动机，同时也延伸出他（她）
要做规划的时机，然后，你会发现，要让顾客说要，自然就容易多了。

　　不知道你有没有发现，当顾客说：「不知道」时，就是想知道的
时候！

诚实告知理赔与否的项目，是我应尽的责任。

16

为什么销售质量的好坏，来自于沟通质量的好坏？

100 %

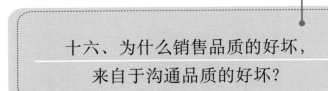

十六、为什么销售品质的好坏，来自于沟通品质的好坏？

不要看了这句话，就去书局买几本人际关系沟通的书回来看，对你的销售，没有太大帮助。

为什么？

两个不同的对象，你得要区分沟通的两种对象才行：

哪两种？

一、是一般人对沟通的定义

二、是销售人员对沟通的定义

两者沟通上的定义是截然不同的！

 靠脚力

王老闆： 我已经 63 岁，再过两年就退休了，6 年前我也跟你买了一张 6 年期，现在退休后，我不想再把钱放保险公司了。

你： 其实您仔细再想一想，6 年时间也很快啊！您又不是没有钱，现在趸缴配息保单，也是以后满期可每月领，不是很好吗？！

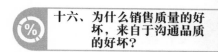
王老闆：我知道，可是，我就是不想把钱再放保险公司。

你：如果你不把钱放保险公司，拿去买股票或投资房地产，万一赔了怎么办，风险太大了，还是听我的建议，放这里比较安全又保本。

王老闆：我也没有一定要投资股票或房地产，不过，就是不喜欢再把钱放保险公司，放保险公司，钱就不能灵活运用。

你：其实时间也很短，再存个6年期，不但时间短，而且又能每月配息，多好！

王老闆：反正，我还不急，再说吧！

🔊 **重点**

催促顾客是一种说服模式，而人们不喜欢被说服，真正容易被你说服的顾客，只有你开发顾客的20%，其他80%的顾客，你愈说服，他（她）愈不想被你说服，然而，人们虽然不喜欢被说服，却很容易被影响！而影响力，是不会引起人们的抗拒与防卫的销售模式。

 靠脑力

王老闆：我不想把钱再放保险公司。

你：那当然！

王老闆：是啊，你看，之前我跟你存的，现在都一一到期，开始领回了。

你：没错，你讲的都是事实。

王老闆：所以，我不想再把钱放保险公司，再过2年我就要退休了，钱还是留在身边比较好。

你：王老闆，言下之意，您是预备做投资吗？

王老闆：不会，投资？这个时机不好，钱还是放在身边吧！

你：担心有亏损的风险，是吗？

王老闆：是啊，退休的老本，可不是开玩笑的！

你：一点都没错，王老闆，您的意思是说，您不想让自己的钱承担风险，是吗？

王老闆：是啊！

你：那表示，您也不喜欢让自己的钱贬值，对不对？！

王老闆：对。

你：您既不想要自己的钱有任何风险，更不喜欢自己的钱会在未来贬值，那，你觉得，您要怎么对待您自己的钱，才是安全又不会贬值的呢？

王老闆：怎么做？

你：您之前在我的建议下所做的规划，有让您的钱亏损吗？

王老闆：没有。

你：有任何一笔领回是贬值的吗？

王老闆：好像也没有。

你：哦！那您自己有什么好办法让您的钱既没有风险，也不会贬值吗？

王老闆：我看，还是交给你吧！

　　让顾客自己影响自己做决定，乃是销售阻力最小之路！

　关 键

　　一般人对沟通的定义，是成功的把自己的想法、观念与意见传达给另一个人，接下来呢？就没有了，因为，你已经成功的将自己的想法、观念与意见传递也表达给对方，任务完成。

　　而销售人员对沟通的定义，是完全不同的，如果你把对一般人对

沟通的定义用在销售人员上，那就是灾难一场！为什么？

销售人员成功把对商品的功能、好处与价值传递、告知给顾客，接下来呢？没有了！

没有了？是什么意思！没有成交，顾客没有采取任何规划行动，不是等于什么都没有发生吗？

因此，一般人对沟通的定义，是不能拿来硬套在销售人员用的。

那么，什么是销售人员对沟通的定义呢？

「促使顾客做决定的能力」。

你对于促使顾客做决定的能力给自己打几分？

昨天才生完第二胎~就马上复出!
我都快只认得钞票上四个孩子
不认得自己小孩长什么模样了
唉~一切都是为了生活!

如果你很忙，又很少在家，那你最好给家人完善的保障！

17 顾客「抗拒」与顾客「异议」有什么不同？

100%

十七、顾客「抗拒」与顾客「异议」有什么不同?

你分得出来,顾客「抗拒」与顾客「异议」有什么不同吗?

顾客说:

● **万一你们公司倒了,怎么办?**

● **万一我缴不出保费要怎么办?**

● **如果我提前解约或减额缴清会有什么影响?**

● **你不要再说了,我的压力好大**

● **我问问家人的意见再说吧!**

● **你们这个规划跟我在银行买基金有什么不同?**

● **你这个储蓄险利率太低,我随便一张股票卖掉都比你这好。**

你能否分清楚,以上顾客的反应,哪些是异议,哪些是抗拒吗?

靠脚力

王老闆: 你的建议不错,我们社团里有一位理事也是跟你同行,他也碰巧提了重疾险,我再跟他谈谈吧!

你：王老闆，我是一个月前就已经跟您提过这份重疾险，您说的那位理
　　事我也认识，不过，好像是我先跟您谈的

王老闆：是你先谈的，没错，你应该也不会反对我多比较一下吧！

你：是不反对，只是总要有个先来后到吧！

王老闆：没关系啦，还是让我先跟他谈谈再说吧！毕竟我跟他认识很
　　　　久，而且又在同一个社团。

你：王老闆，我也跟您在同一个社团耶！

王老闆：没关系啦！我跟他谈完再说。

 重点

顾客抗拒，来自于你的表达方式，引起他（她）防卫的状态。

而异议，则是拥有不同的意见、观念或看法。会抗拒的顾客很少，
有不同的意见（异议）的顾客却很多！销售人员如果无法辨识何为异
议，何为抗拒，就容易将异议当做抗拒处理，不处理还好，一处理，原
本只有不同意见的顾客，反而变成抗拒的状态，不是得不偿失吗！

 **靠脑力**

王老闆：你的建议很不错，我们社团里有一位理事也是跟你同行，他碰
　　　　巧也提了重疾险，我再跟他谈谈！

你：那位理事应该已经跟您说明过了吧！

王老闆：没错，他之前就讲过了。

你：那您是不是已经让他帮您做规划了？！

王老闆：还没！

你：怎么会呢？

王老闆：还没那么快，等过一段时间再说吧！

你：王老闆，您是 1. 不喜欢被销售，还是 2. 不喜欢有人情压力，或是 3. 不想转移重疾的风险？

王老闆：1 跟 2 吧！

你：我懂了，原来，您不喜欢的是 1. 不喜欢被销售 2. 也不想要有人情压力，而不是不要转移重疾的风险，是吗？

王老闆：是！

你：所以，在没有人情压力的情况下，你才能完全的要求服务质量；在不被推销的情况下，您也才能弄清楚重疾险的必要性与功能所在，这样，您就能安心的帮自己完成您要的规划了，您说，是吗！

王老闆：没错！

你：那现在，让我们一起来看一看，您可以得到哪些实质的好处与服务的价值。

王老闆：好！

关键

会抗拒的顾客很少，具有不同意见的人却很多，百分之八十会抗拒的顾客，一开始会拒绝的，不是你的产品或价格，而是你的表达方式！为什么表达方式会引起 80% 的顾客抗拒？

1. 过于产品导向。

2. 急于销售，却成效不彰。

3. 对顾客没兴趣，只对自己的销售说明，促成有兴趣。

4. 人情导向，造成人情压力。

5. 缺乏逻辑。

6. 口齿不清，语意模糊。

7. 专业准备不足。

事实上，以上所列，最常引起顾客不同程度抗拒的因素：就是第 7 项：专业准备不足。

而广义的专业，又分为：

1. 对商品的专业。

2. 对销售计划（包含增员）的专业。

3. 对人的专业（顾客＋被增员者＋组员 Agent）

前两项是销售的入门票，那是构成销售的基本要件，真正具挑战性的，想当然耳，非第 3 项莫属！

因此，销售人员于销售时，搞不定的往往不是产品与价格，也不是增员计划，而是「人」，这意思反过来说，把人搞定了，Case 就搞定了，不论是销售或是增员、发展组织皆然。

你可以是商品说明的专家，你也可以是增员计划说明的专家，然而，你是否对「人」嘹若指掌，你是否是「人」的专家？

为什么对「人」的专业知识会是 21 世纪销售突破的显学与关键？

因为，你销售开发的顾客，是「人」

你增员的对象，是「人」

你领导统御的事业伙伴，是「人」

你自己，也是「人」

既然「人」是销售事业，不论在个人绩效，组织人力突破的关键，那么，要如何建立起对「人」的专业知识，好让你的商品专业、增员专

业，快速让顾客接受，而不再浪费与虚耗 80% 的时间与机会成本？

1. 表达对顾客的兴趣。

2. 学习如何观察人，从人们的外显行为、语言开始，再延伸至人们的
   心理状态。

3. 学习有效解读对顾客的观察。

4. 确认你对顾客的观察。

5. 运用你所观察的重点，让顾客自己影响自己做决定，而不是去说服
   他（她）。

　　如果你是对商品说明促成、增员计划说明有兴趣，对「人」却一
点兴趣都没，你可以跟自己的事业与财富说 Bye bye 了。

　　好好学习对「人」的专业，表达对「人」的高度兴趣，你就会发现，
会抗拒的顾客真的不多，大都是有不同的意见而已。

在我的专长帮助下~
客户赚钱不再是大海捞针
而且还能开源节流！

　　每个人都有他(她)的专长，
　　　我的专长有两个：帮顾客赚钱，还有省钱！

18

问题，本身就是资源

100 %

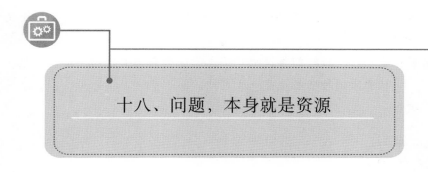

十八、问题，本身就是资源

问题，不就是要想怎么解决？！跟资源有什么关系？解决问题的能力，不是一直以来从家庭、学校到企业奉为圭臬的金科玉律！

问题解决专家享有最高的收入，拥有令人称羡的头衔，还有，一堆人羡慕的答案，等着问题来提领，就像领现金一样。

在销售实务上，有没有可能愈解决问题，问题就愈多？而身为业务主管或销售人员的你却不自知！

 靠脚力

王老闆： 我最近要买房，资金周转比较紧。

你： 王老闆，您不要开玩笑了，您会没钱？！您是大老闆，怎么可能要买房，钱会有问题！

王老闆： 老闆也有资金调度的问题啊！是不是！

你： 唉呀！王老闆，我跟您提的这份规划，是让您以后可以领更多钱，活的愈久，以后领的愈多，现在房市那么不景气，钱还是省下来，买保险存钱比较安全。

王老闆： 没办法，我都已经看了地段，还不错，就差没下订。

你： 还好您没下订，实时收手还来得及，现在时机景气都低迷，钱存起

来比较实在，您一买房就跌，跟最近的股市一样，不划算，还是保守一点好！

王老闆： 唉！过一段时间再说吧！手上的资金真的有别的用途，最近小孩要出国念书也是要一大笔钱。

你： 哦！

重点

不是每个顾客拒绝说「不」的理由，都要去想怎么解决的，真正值得解决的问题，并不多；更何况，就算问题解决了，往往顾客又会丢另外二个问题，为什么？因为他（她）看你很会解决「问题」，既然你这么爱解决问题，何妨就再多给你几个问题，听起来，是不是很像主人逗宠物狗时，丢了一个飞盘，被狗追上接住后，主人就再同时丢2个飞盘……有画面吧！

靠脑力

王老闆： 我最近要买房，资金周转比较紧。

你： 恭禧您，王老闆，又要买房了！

王老闆： 是啊！房产不嫌多嘛！

你： 真的是这样没错，王老闆，您过去一直以来都特别注意房市的信息，所以往往都能在低点买进，真的是眼光独具。

王老闆： 还好啦，就像你说的，因为一直以来都有注意房市变动，讯息自然会不断进来，机会也比较多。

你： 王老闆，我很好奇，您投资房产是否有跟银行贷款？

王老闆： 当然有！

你： 那您一定很清楚，一旦跟银行贷款，您就拥有了负债，因为您还要还房贷，不是吗？！

王老阔： 是啊！

你： 然而，银行却让您以为拥有了房产，就拥有了资产，没错吧！

王老阔： 没错！

你： 事实上，您如果哪一天，房贷因故没缴，银行就有权申请扣押或法拍您以为拥有的房产，对不对！

王老阔： 是的！

你： 所以，您在拥有了房产的同时，也就拥有了负债，你赞成吗！

王老阔： 也没错。

你： 您觉得在您拥有房产与负债的同时，也能一并拥有复利增值的资产，您是否能接受？

王老阔： 当然能接受。

你： 您知道，这要怎么做吗？

王老阔： 不知道。

你： 让我来告诉您，这要怎么做。

王老阔： 好。

 关键

在这个案例中，买房置产似乎是不做理财规划的理由，常常会吸引销售人员当成问题去处理，那是源于以下两种反应模式：

1. 问题 $\xrightarrow{\text{相对于}}$ 答案（或解决方案）

2. 一旦问题被解决或找到答案，就没有不购买的问题了。

只可惜，没有一项是有效的销售策略！

为什么没效，却那么多销售人员、业务主管、教育训练人员等，仍一直延用呢？

这也是很好的问题：

原因是：

1. 问题————→答案是直线性的反射，既是反射，就不必动用太多的大脑。

2. 也不是每件 Case 都无效，有些也顺利成交，虽然比例不高！

3. 除此线性反应之外，反正也找不到其它好方法，就延用至今，最后，就变成一条很粗的神经，俗称「习惯」。

把问题当成资源用，也许跟一个人的人格特质与所处的环境有关。

当人们所处的环境无忧无虑，不愁吃穿或人生无大志时，没有什么负面的问题来考验他（她），所以，他（她）不会把负的变成正的，不懂如何转换。

要拥有将负的变成正的，把不要的转换成不可拒绝的，让问题转换成资源，或问题本身就是答案的能力，如何培养如此这般的能力？

1. 不要将顾客的拒绝视为理所当然。

2. 学习认知「一把刀切豆腐，就是两面」而非只有一面。

3. 练习「有正就有负」「有黑就有白」「有不要的，反过来说，就有要的」逻辑论证与思考。

4. 相信「凡事都有更好的解决办法，绝不止我们过去所学所做的一切」—爱迪生。

推销话术已死，直线（性）反应亦逝，在更竞争与顾客反推销意识看涨的时代，重新学习调整你的作法吧！（趁还来得及）

哦！对了！记住这个

问题 = 资源（成交的资源）

身为一个专业的寿险顾问
让客户又爱又恨~
也是合情合理滴!

有些人会很讨厌我的身份，但家里发生事情时，
却又很喜欢我的身份，真是一个有趣的现象。

19

不要为了成交，而不择手段

100%

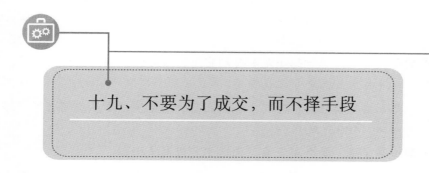

十九、不要为了成交，而不择手段

讲这句话不是放高射炮，我当然清楚，在销售行为上，没有成交，什么都没有发生！然而，不要忘了，历史不乏「赢了一场战役，却输掉整场战争」的教训！

销售亦然，我曾在一次业务团队的晨会上听到，处经理大声疾呼：「我不管你们的业绩是怎么做到的，你要自己买也好，你要去拜托、去求你的父母、家人、亲戚朋友也好，区部副总已经找我好几次，说我们通讯处人力最多，业绩却最差，我不管，待会主管每个人交一篇报告给我，就你带的 Agent 在接下来的三周内，订定新的业绩目标，而且，要比月初订的标准高，Agent 做不到，主管就自己补足！」

好有「气」魄的处经理！不过，好像没啥用！

任何奖励销售人员提高产值的方案，皆会产生一定的效果，然而，一把刀子切豆腐，它就是两面，有好的效果〈短暂利益〉，是否也会造成长期伤害！

 靠脚力

王老闆：我知道你们的利息比银行高一点，我原本想转存，后来想想，还是不要好了！

你：您的本金很多，放银行跟放我们这儿利息差很多吔，为什么不转存呢！而且还有保障呢！

王老闆：我知道，想一想还是不要动它了，太麻烦，利息差哪一点点，没关系，本金守住最重要。

你：您要不要重新想想，时间一长，利息就差很多，不然，您也可以转存一半，100万就好。

王老闆：算了吧，资金还是要灵活运用，没关系啦！

你：不然，再砍一半好了，存50万，足缴，如果您怕麻烦，我带您去银行处理。

王老闆：不用、不用，我还是维持原来的处理方式就好，谢谢你！

你：王老闆，您就给我一个服务的机会，哪怕是50万，意思意思也可以！

王老闆：真的不用，就这样吧，有需要，我再找你。

 重点

99.9%的销售人员误解也误用了「积极」的态度这个词汇，当你无所不用其极的要促成时，积极二字随即扭曲变形，成了「不择手段」的代名词；可怕的是，没人发现，客户被销售人员以如此这般的「积极」态度对待时，早就想逃之夭夭了！

古人说：「择善固执」，要固执之前，先选择并确认固执的目标是善的标的，良善、好的标的，什么是善的标的？！在销售上，指得是能为客户带来最大利益、价值的标的，而非销售人员单方面要成交的标的，除了择善固执，更要讲究表达的方式与策略，有很多销售人员的销售出发点是要帮助顾客得到财务规划、风险控管的好处，然而，却还是遭到客户的婉拒，为什么？大部分原因，皆为销售人员用自己习惯的方式表达，自己习惯的方式，不一定是客户可以接受的方式！

靠脑力

王老闆： 我知道你们的利息比银行高一点，我原本想转存，后来想一想，还是不要好了！

你： 王老闆，怎么回事呢？

王老闆： 我想一想，利息差一点点，还是不要动它，太麻烦，本金守住最重要！

你： 说的也是，您的意思是说，利息差不了太多，虽然有高低之分，然而守住本金最重要。

王老闆： 对啊！

你： 既然本金最重要，王老闆，那本金是不是钱？！

王老闆： 是啊！

你： 利息，也是钱啰！

王老闆： 是的！

你： 那利息加本金，您的本金是不是变多了？

王老闆： 本金加利息，本金变多，对。

你： 既然本金变多，您刚才说，您重视本金，不是吗？

王老闆： 是啊！

你： 所以，本金变多，会很麻烦吗？

王老闆： 怎么会麻烦，很好啊！

你： 哦，那您要怎么做呢？

王老闆： 还是转存好了。

 关键

什么本质？问题、事物、人的反应、情绪、思想、行为的本质。

通常在销售人员尚未清楚分辨、思考遇到问题或事情的本质前，就已经「想到」了对应的解决方式或答案，这真是不可思议，到头来，客户的反应 8 成以上，都不是销售人员可掌控的！失去对顾客反应的掌控性，自然成交率与对你的专业信任感就下降，相信我，这可是灾难一场！

想要赶快解决顾客不购买或延迟购买的问题时，通常直线性反应的开关最快被启动，那也是最糟的反应，而糟的反应模式会被诱发出顾客一样糟的反应，即为自己的理由辩护，无论对错，此时，情绪战胜了理智，因而蒙蔽了顾客看到或感受到拥有规划后，或是购买后，得到的好处与随之而来的价值感；至于销售人员为什么会如此这般地反应，通常来自于：

1. 急于成交。

2. 急于展现自己有多专业或丰富的销售经验。

3. 自我保护、不愿面对或承认说错话或做了不利于销售的事。

4. 中了「不思考」的毒，误把反应当思考。

你可以这么训练自己，何谓本质？

1. 不需要保险－「不需要」的本质是什么？

2. 保费太贵－「保费」的本质是什么？「贵」的本质是什么？

3. 利率太低－利率太低是不做规划的理由，亦或是要做规划的理由？

4. 年期太长－年期长，到底对顾客是有利、还是有害？

5. 资金不能灵活运用－资金不能灵活运用，是什么意思，它的本质是什么？

6. 担心缴不出来－「担心」的本质？

7. 万一你们公司倒了怎么办－身为销售人员，你能回答这个问题吗？

还是，不用回答，不要回答，那要怎么办？

我还可以列出超过一百个以上的这类销售人员常碰到的问题，篇幅有限，你可以先练习看看，思考一下问题的本质是什么！从第一项开始，想不出来，就从下一项继续想，如果你想的，是答案，那你就又回到「线性」反应，你没有思考，什么是本质？本质，不是答案，不是解决办法，也非反应。

加油！

市场上有这么多的投资、理财、寿险顾问，
大家都大同小异；你知道顾客为什么会选上我？

20

宁愿有智慧的笨，也不要反被聪明误

100%

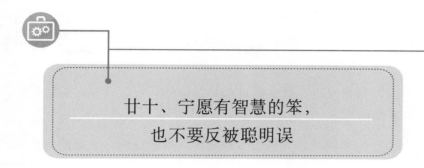

廿十、宁愿有智慧的笨，
也不要反被聪明误

不断钻研学习商品专业知识，让人以为你必须有问必答，顾客问什么问题，你就准备从你的专业知识数据库去搜寻，继而找到对应的答案。

然而，真的是什么问题都要有一个对应的答案吗？

身为销售人员，你可以先想想这个「有问必答、必答必成交」吗？当然是不一定，哪有此一说。

分辨什么是真正该面对的问题，什么又不是，比只是盲目地回答要重要多了，既然不是每个顾客问的问题回答完就会成交，或许看问题的表象，还不如学会看顾客问这问题的动机，知道他（她）为什么会问，比知道去回应他（她）还重要。

销售人员喜欢表现出自己的专业，让顾客觉得他（她）很专业又聪明，不过，事实往往是与现实不符，有时，你愈想表现出自己的专业，对某些顾客而言，反而是曝露出自己的致命伤。

就像坊间的潜能激发训练一般，喊得愈大声「我一定要成功」，就表示，愈害怕自己不成功。

为什么？

你什么时候看到成功是喊出来的？成功，是用有效的方式做到的，如果喊来喊去，喊一百遍「我一定会成功」你就会成功，那养只鹦鹉帮你喊不就得了！

所以，你会发现，晚上经过都是墓碑的「夜总会」，唱歌愈大声的人就愈怕，为什么？壮胆而已！

不必在顾客面前卖弄你的专业知识，而能让顾客主动向你询问，这才是真正的专业，不然，你卖弄或讲了那么多商品专业，却仍有 80% 的顾客没有要，那你在忙什么？！

靠脚力

王老闆：你们这个规划与我在银行买基金有何不同？

你：我们有保障，银行没有。

王老闆：还有呢？

你：还有我们是主动式服务，他们〈银行〉是被动式服务。

王老闆：哦，我知道了！

你：所以，还是让我们来主动提供服务给您比较好，而且，我们还有保障，不会只有单一的基金或投资组合，风险太高了，对您而言！

王老闆：是没错，不过，银行端服务也不错，像我是他们银行的 VIP，他们并不像你讲的，都是被动，他们也很主动的提供我很多项投资选择，有的利率也还不错，同时也有保险的项目，不大像你讲的那样。

你：那是因为您有很多钱放他们银行，您是他们的 VIP，一般人哪有可能，银行很现实的！

王老闆：做生意嘛，知道谁是你的顾客很重要，该如何跟他们做生意更

重要。

你：王老闆，那我们刚刚谈的资产保全与退休金规划是不是今天就决定
　　了呢！

王老闆：我还是要看看银行能提供些什么！

 重 点

有什么比顾客要问的都问完，销售人员该答的皆回答完后，顾客
还无法做决定购买更惨的事？有时，人们视为理所当然的事情，可能只
是一厢情愿地、误以为地单相思，而两相情悦的画面仅存在于想象或梦
中，也没人保证所有问题与疑虑都回答处理好后，顾客就顺理成章的购
买，有这条规章或规定吗？

这实在令人感到气馁，原来不是销售人员自己蒙着头努力工作就
一定会怎么样，有时候，不怎么样的业务员更多，然而，努力，不一定
能成功，还是要学习动动脑，观察人们的意识、行为、思考运用的策略，
讲究有效的表达方式与逻辑，让成功的机会，建立在系统化的基础上，
而非仅是靠短暂的激情或盲目的行动！

 靠脑力

王老闆：你们这个规划与我在银行买基金有何不同？

你：王老闆，您想比较：在银行买基金，跟在我们这儿做规划〈保险公
　　司〉，有什么不同，是吗？

王老闆：是啊，有何不同？

你：您想要比较这两者之间，最大的不同的原因是因为…

王老闆：没有，我只是想参考看看。

你：您参考完后，发现其中一项规划，对您的资产保全比较好，之后要做什么呢？

王老闆：这样，我才知道钱放在哪儿比较好。

你：哦！这样您才知道钱放在哪儿会比较好，是吗！

王老闆：是啊！

你：王老闆，您是只在意利率高低，而不在意亏损风险吗？

王老闆：不是，我知道银行跟你们保险公司都不会有太高利率，风险是我主要的考虑！

你：所以，您的意思是说：保本加上复利增值，再加上有保障，才是您真正要做的，没错吧！

王老闆：没错！

你：那就让我们一起来看看，这要怎么做！

王老闆：好啊！

 关 键

「掌控性」这一关键词对销售人员而言，其重要性不言可喻，有多少销售人员因为失去对顾客或流程的掌控性，而错失许多能够帮助人们得其所欲的机会，重点是，80% 的业务员并不以为意，而业务主管则一付置身事外，事不关己的模样，他们只在意业绩排行榜跟业绩竞赛的进度与结果，其它，不是太重要！

这么说也许有失偏颇，或许亦有少部分的销售领导人，特别在意辖下的销售人员策略运用的有效性，而不祇是些短视近利的家伙！

想想看，不急着推销，也不急着讲解产品，却能轻松的完成交易，除了掌控性，也没别的可去解释这其中的奥妙了！

销售时，你说的愈多，顾客听的就愈少，这道理很简单，

1. 你说明商品时，是否已确认是对方要的？

2. 你表达的内容是单一、独立存在的片段，还是彼此连贯的讯息，因为，人们的脑神经对彼此有连贯的讯息才会有反应，相反的，对讯息彼此间独立存在，较不知如何反应。

3. 人们意识集中注意力的时间很短暂，这也是为什么一支电视广告长度往往在 30 秒之内，你是否有练习过将自己要表达的内容依每 30 秒为一单位，编辑成 15 分钟真正有效又吸引人的简报内容架构呢？还是你一开口，就欲罢不能！

　　因此，在销售上，你说的愈少，顾客要听的就愈多，当销售人员，你的舌头不应比顾客或正常人长 15 公分，尤其一开口，2 小时都收不回来！惨的是，顾客耳朵都长茧了！

介绍这么久，你也该上厕所了！
毕竟我们好像没点「濑尿虾」

您真贴心，但我还撑得住

你是我服务过的人客中，最善解人意的一个。

21

从「顾客有的」，开始谈

100 %

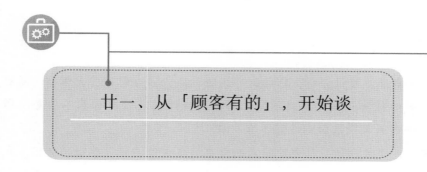

廿一、从「顾客有的」，开始谈

　　传统销售的假设前提，大部份皆将欲推销的商品视为对顾客财务或保障缺口的解决方案，需求分析则为此一假设前提之翘楚；找到对顾客的销售施力点，一直是咱们「泡茶」「聊天」「喝咖啡」「建立关系」销售文化的开端；像西方文化这么单刀直入式地切入销售主题，对东方人来说，着实使人「不自在」，觉得太商业、目地导向，就是缺少了点人情味，少了人情味，销售这道菜就令人难以下咽！

　　然而，西方商业情境中的单刀直入，直指核心也并非一无是处，在一个以「秒」作为竞争与学习单位的商业世界里，哪还会有那么多顾客，特别是那些重要的高资产族群与人士们，谁会有那个闲工夫陪你聊天喝咖啡，好让你好整以暇地对他（她）销售呢！想到这一不协调的画面，还真令人发噱！

　　需求分析也不是万灵丹，有两亿资产的顾客经过分析，你说他（她）保障有缺口，他（她）也许会反问你，「你有没有两亿的资产」，「我保障有缺口，然而我有两亿资产，那你呢」，这牵扯到一个人性上的问题，需求分析是在找财务及保障上的缺口，缺口指得就是问题，糟糕的是，主观意识愈强的人，愈不愿意承认或面对问题，更别说是在销售人员面前承认自己的财务或保障缺口的问题，取而代之的则是一连串的自我防卫系统，筑起防御工事，听起来，实在是个不智之举！

 **靠脚力**

你： 王老闆，经过分析，您的财务风险过高，因为您过去大都偏向高杠杆的投资项目，因此保障也不足，我建议您可以从基本的寿险保障与实支实付型的医疗保险开始规划。

王老闆： 说实在话，你之前问我的哪些收支或过去投资理财的数字，我也不是很确定正不正确，我只是有个概略的印象，这样不确定的收支或数字你拿去分析，还能给我建议，还真不简单，不过，我不敢接受这样的建议，要是你，你能接受吗？

你： 其实也并不是一定要很精确，有个大略的方向与比重分配，再搭配您的年龄与未来的风险系数，我们就可以据此给建议。

王老闆： 没关系，你把建议书留下，我自己看；看不懂，我再问我们的财务长。

你： 那我是不是也要跟财务长说明一下。

王老闆： 不用，需要我再跟他讨论。

 重点

　　显而易见，有很多的销售人员，脑袋像被灌了泥浆一样，学了需求分析，却不知如何灵活运用与变通，一昧地执行这僵化的动作，而忽略了「人」非机器，我们有情感、情绪、理智、经验乃至不同的人格特质，不能像装罐头般地塞进同样的内容或问题，还能期望每个人的反应都一样，就像你不能用做粽子的原料跟过程，最后，却期望产生起司蛋糕的结果与价值！套一句流行语：杰克，这真是太神奇了！

靠脑力

你：王老闆，您原本已经做了很棒的资产增值规划，根据您给我的资料来看！

王老闆：是啊！你看我还缺什么吗？！

你：说实在话，除了您的本业赚钱外，您的投资组合所带来的长期报酬也都很理想，要想再说您缺些什么，您根本什么都不缺，是吧！

王老闆：是啊，我也是这么想，不过，根据过去的经验，你们同行在看完这些资料后，都说我的财务风险高，所以也建议我补足风险的缺口

你：那您认为呢？

王老闆：我认为他们的脑袋有问题。

你：为什么？

王老闆：我当然知道他们要推销，跟你一样，祇是，说我财务风险大，没听过古人说「富贵险中求」吗！

你：我真是受教了，王老闆，您说的一点也没错，如果，您要再做些什么，您想要在财务上做些什么呢？在现有的资产基础下。

王老闆：我就觉得税缴的有点多！

你：是「有点多」吗？

王老闆：其实，是「很多」！

你：您的意思是…

王老闆：有没有什么方法可以合理合法的节税呢？

你：您问过您的财务长或会计师吗？

王老闆：他们处理的，只是公司的帐，我问的，是我私人的钱！

你：哦！税法规定，您每年有 120 万的免税额，您有利用或规划吗？

王老闆：我知道，只是我什么也没做，太忙了！

你：那您要我帮您做些什么？

王老闆：我看，就从这个开始吧！

关键

观察、描述、确认，是催眠式销售诱导的三步骤，观察你的顾客表意识与潜意识的讯号，描述你对顾客做的观察，最后，确认你对他（她）做的描述是正确无误的；观察；都是从对方「有」的开始，而不是假设他（她）没有，譬如、你原来已经有医疗保障了吧！来取代传统的推销告知：王小姐，我们公司最近有推出一张实支实付而且还本型的医疗保障，妳听听看，还不错哦！

你应该能预测接下来，顾客的反应会是什么！

记住，永远从顾客有的开始，而非假设他（她）没有，而你提供的商品就是解决方案，这样的逻辑，不叫逻辑，因为不符合人性！

从顾客有的开始描述并确认，通常你得到的反应是 yes，相反的，从顾客没有的开始，你得到的，是 No，谁叫有问题的人大多皆不愿意承认！

从人性的反应来看，这其实是很合逻辑又有道理的，同时又很有效，实用性其来有自：你可以练习以下的诱导，先当顾客，看看你的反应如何：

你：王先生，你原来已经有投保了吧！

王先生：〈有啊〉

你：那你投保要不要缴保费？

王先生：〈要啊〉

你：你缴了保费，是不是会换来对等的保障？

王先生：〈是啊〉

你：那你的保障，除了保障的功能外，可不可以累积额外的退休金呢？
可以就可以，不行就不行？

王先生：（三种可能的响应）

反应1：没有

你：那可以有，你要不要有？

王先生：〈要〉！

反应2：有

你：你会不会嫌退休金领太多？

王先生：〈不会〉

你：那有多的可以领，你觉得好，还是不好？

王先生：〈好〉！

你：要！还是，不要？

王先生：〈要〉！

反应3：不知道，不清楚有没有

你：王先生，有，你就会知道，不知道，就是没有，那，可以有，你
要不要有？

王先生：〈要〉

　　至此，也可能延生出这样的反应，对方不直接跟你说要，他（她）
可能会有如此的反应：

王先生：我听看看！

你：王先生，我只能帮「要」的人要，我不能帮「听看看」的人要，
所以我再请教你一次，可以有，你要不要有？

王先生：〈要〉！

　　这跟控制理论没关系，请你注意每位你对话的人或顾客，大部份时间，只要你从他（她）有的条件开始描述并确认，对方的一连串反应都会是你要的，这在销售上有什么实质的好处或意义吗？

　　让我们看清一项事实吧！

　　成交，不论金额大小，是一个 big yes〈大的 yes〉，而大的 yes，则是从小的 yes 累积来的！

　　Yes！不争的事实。

　　让顾客从小的 yes 不经意的跟着你，他（她）会习惯跟着你的诱导前进，直到达成交易，而当你不习惯让顾客从小的 yes 跟着你，到成交这个大的 yes，困难加倍！

　　我也许不该透露这么多催眠式销售的秘密，不过，我真的要帮助你在销售事业上突破，也就不能太吝啬，你说，是吧！

我很清楚的知道，顾客要的不是一个保险业务员，
而是一个能帮他(她)解决现在(或未来)财务问题的人。

22

潜意识诱导于销售行为上的运用

100 %

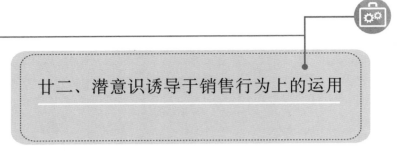

廿二、潜意识诱导于销售行为上的运用

成功学是这么灌输我们的：

当你的想法跟一般人一样的时候，你就会做出一般人的言行举止，努力工作的结果也就一般。当你的想法卓越，跟一般人不一样的时候，在追求成功或创造价值的道路上，你就会表现出卓越的言行举止，努力创造的结果也就不一般的非凡！好吧，不这么啰嗦的简易懒人版是这么浓缩上述的道理：**在销售事业上，你怎么设定自己，你就成为什么样的人！**

自我设定与想法是两样不同的东西，想法常常随着你遇到的环境、气氛不同而不同，它并非一个常态值，相对的，它是一个变动性很高，容易对外在环境作出的反应。而自我设定则不同，大异其趣，它深植在潜意识当中，所以，往往人们的理智或表意识层面察觉不到，虽然察觉不到，自我设定却会影响人们外在行为努力的一切，不论结果好坏。

靠脚力

王老闆：等我那笔满期金到期领回再来谈吧！

你：那还用多久才到期呢？

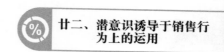

王老闆：再等一年就到期了。

你：到期后领回多少钱？

王老闆：150 多万。

你：可是，王老闆，现在已经是年底，你也知道年底我们都在拼岁末业
绩，至少可以帮我一下，依您的财力，每年 25 万 6 年期，应该没
问题。

王老闆：我就说等之前那笔满期金到期领回，再来看看吧！

你：那还要等一年后，太久了，您也知道远水救不了近火，不然，您看
在您能力范围内，怎么样的数字，是您比较能接受的呢？

王老闆：不是这个问题。

你：那，不然是什么问题？

王老闆：应该是你搞不清楚状况的问题！

心急吃不了热稀饭！销售人员拼业绩竞赛，关顾客什么事；皇上
不急，急死太监也没用。

这种只想着自己的业绩目标的销售人员可多着，满山遍野，谁造
成的？短视近利的业务主管或公司决策者造成的。一旦订定了业绩或竞
赛目标，为了达成，可以不讲究作法，反正不管黑猫白猫，会抓老鼠的，
就是好猫。

问题是，顾客与销售人员都不是猫，也没人该当老鼠，这个比喻
实在离事实太远，不能做为业务决策层脱罪的借口与理由。

**如果业务团队少点传统的推销、增员话术训练，甚至完全不用，
改采对「人」的专业知识训练，或许情况会大逆转！**

 **靠脑力**

王老闆：等我那笔满期金到期领回再来谈吧！

你：王老闆，您为什么会想到满期金这件事呢？

王老闆：再一年就到期，可领回总共 150 多万，多出来的，自然就想到它了！

你：哦！这意思是说，只要能持续靠理财规划，让您每隔一段时间，就能有到期领回这些多出来的钱，您会不会很开心！

王老闆：当然会开心。

你：您这么精打细算，您是否会浪费一年可累积复利的机会，只为等待一年后，再拿多的钱去作规划？

王老闆：听起来好像不大对。

你：哪里不大对？

王老闆：我干嘛要浪费一年可累积复利的机会，牺牲掉这一年可累积的复利，再重新作规划，这不是不合逻辑吗！

你：那怎么样才符合您的逻辑与最大利益呢？

王老闆：当然是现在就可以累积复利，等一年后要做什么！

你：是啊，那您要我做些什么呢？

王老闆：你直接跟我讲怎么做就好，一年 25 万。

 关键

　　人的表意识与潜意识功能互补，不过，也大异其趣，表意识是人的批判因子来源，所谓的知识、理智皆对其有明显的作用。

　　人的潜意识是欲望核心，任何购买行为皆根源于此，想想看，没有欲望，你是不是许多事都提不起劲，更别讲采取什么行为或行动了！

既然如此，学习触动人们的潜意识欲望，不就是销售人员、销售领导人最该要主动学习的工夫吗？可惜，现实的世界并非理想化的乌托邦，若真是如此，也就不会有这么多的销售人员、业务主管不动脑，只动脚去推销了！

人们的欲望核心一旦被触发，就会产生「要」什么的冲动，而这样的电子脉冲会传递到表意识，表意识随即会寻找或编织一个或数个合理化、理智的理由，进而让自己拥有所想或所要的一切，不论要的标的是无形的爱、尊重、感觉，亦或是现实的物品以及其它一切要拥有的！

你并不清楚与顾客的销售互动中，你所说的每句话、问的每个问题、说明的内容与表达方式，是根据顾客表意识的反应，还是直指潜意识欲望的核心。

大部分的销售人员，会不自觉地触动顾客表意识防卫的警铃而不自知，甚至习以为常，还记得表意识是人类批判因子的来源吗！

人们以为自己的任何决定，都是经过审慎的理智过滤筛选过后的行为，其实不然，人们「要」买什么、拥有什么、投资什么、规划什么，都是表现欲望的一种行为，而表意识所谓的理智，不过是为人们要些什么，找到合理化、科学化、数据化、社会化、人文化的现实依据，好让自己能满足欲望核心表现的渴望；任何一个人，只要是还活着，有清楚的意识、或有意识的行动，皆有欲望支撑着这一切。

为此，就值得在下再重复一次这项亘古不变的真理：

人们的购买行动，来自于购买冲动，而购买冲动，来自于购买欲望，而欲望，来自于人的潜意识，不在表意识里！

图一、传统的业务推销训练〈告知、说明、说服〉

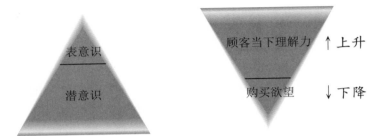

注 1. 对表意识说明的愈多，顾客理解力愈好，购买欲望却下降。

图二、催眠式销售，诱导三步骤〈观察、描述、确认〉

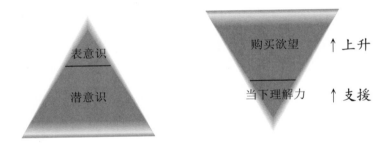

注 2. 对潜意识做好诱导，而非用传统的告知、说明、说服，顾客的当下理解力会支持购买欲望，于现实情境中，找到决策依据。

　　理解力会支持购买欲望，于现实情境中，找到决策依据！有些人说，万一顾客「醒了」，后悔了怎么办？这实在是无稽之谈！也不求甚解的乱评论，**对潜意识下达正确指令，要的渴望促使其采取购买行动，而掌管理智的表意识则会根据潜意识的欲望来寻求现实生活中，支持其决策的依据或证据。**

　　想想看，有没有道理，人们真的「需要」一辆在市区限速下，8 成马力都用不到的法拉利吗？

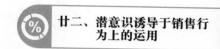

你的智能型手机所有功能你都「需要」用到吗？还是，有一半以上的功能，你连碰都没碰过，而你付的费用，当然也包含了这些从未用过的功能设计。

把「需要」从你的销售字典中删除吧！

我知道你每天在股市中杀进杀出，是个中好手，只是每天都吃麻辣锅，
偶尔也该来点清胃脾肺的甜点，好比我帮你设计的财务规划。

23 如何唤醒人们潜意识的欲望

100 %

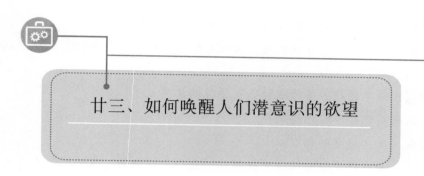

廿三、如何唤醒人们潜意识的欲望

「唤醒」这个动词，其实并不能放在本章的标题，惟一用它的理由，是它很白话，事实上，就催眠式销售而言，正确的相对性字眼，应该是「诱发」。

之所以没用「诱发」，完全是为了易于为你所理解，然而，「诱发」的字面意思，指得是「诱导使其发现」。

因此，本章的主题，正确的命名应为：如何**诱导**顾客，使其**发现**他（她）的**潜意识欲望**！

如何做到每销必售，是每位积极、努力又认真的销售人员、业务主管心中最渴望的一件大事，要将渴望透过有效的行动变成事实，不仅要努力，更要从有效的行动中实践，而非只强调行动或执行力的多寡。前文中强调，在销售事业上，有效的行动，比「只是行动」要重要多了！

靠脚力

王老闆：说实在话，我过去都是透过投资银行来理财，从未想到透过保险公司！

你：投资银行？哇！那风险不是很大。

王老闆：还好，大部分都在可掌控范围内。

你：那，王老闆，能否让我帮您做保单检视呢？看看有些什么要补充或修改的！

王老闆：保单检视？要检视什么？该买的都买过了！

你：您都买哪些？还记得吗？

王老闆：反正该有的都有。

你：有些保户在还没做保单检视前，一直以为该做的、该买的都已经买了，后来才发现，有很多是不足或买错的，所以，保单检视真的很重要，尤其对已经买过很多保单的保户而言。

王老闆：我懂，祇是，这方面都不是我在处理，是我太太在处理！

你：您这么忙，让夫人处理也是应该的，那我什么时候可以和她碰面谈谈呢？

王老闆：我和她谈过再告诉你。

 重点

　　銷售人員常常忽略或漠視顧客的潛意識訊息，而只針對語言內容作反應，因而搞砸了可幫助顧客得其所欲的機會；又或者，太專注在自己的業績目標達成與成交與否，焦點卻沒放在顧客身上。

　　人們的表意識理智會發現，所有的現實情境或困境，並據此作出反應模式，在銷售行為上則更為明顯，就像顧客在決定做規劃前，說「要考慮時」，就會誘發銷售人員這樣的反應：

　　「這麼好，你（妳）要考慮些什麼呢？」

　　「為什麼還要考慮呢？」

　　「考慮？是我的說明哪裡不清楚嗎？」

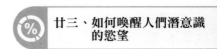

……這些線性反應不一而足，族繁不及備載！

有位學員問了這樣一個問題，他的顧客在銀行上班，跟他做了一份優渥的躉繳型儲蓄險，做為自己未來的退休金規劃；此銀行行員也順道推荐她的父母，起初，她的父母還蠻有興趣，不過，一提到要將原銀行的定存解約，提領出來，去做這份躉繳型的規劃，兩老就又打退堂鼓了！原因是，他們說「太麻煩」！錢已經存在銀行，還是不要亂動。

「怎麼處理」？他問道！

很多銷售人員以為，我是解決問題的專家，任何的疑難雜症到我這兒，問題自動迎刃而解；這剛好是我創辦威力行銷研習會廿年來（1997 年 7 月至此書付梓：2016 年，简体版 2019 年）極力避免之事。

既然學員稱筆者為金牌教練，想當然耳，教練的職責是專門負責訓練你奪金牌，要在銷售上奪金牌，你必須學會系統思考，以及辨識何謂「人」的專業，而非製造了一堆銷售的問題，再去想怎麼解決問題。

本人一向主張，問題本身就是答案，既然問題本身就是答案，哪裡需要再去想如何解決問題的答案呢？！

雖然前述章節已闡述過這個策略性的概念，不過，許多銷售人員還是靠線性反應去解決問題，而導致引發更多的問題，搞到他們也不清楚，為什麼這麼多談過的顧客，明明有購買能力或是高資產，卻簽不下來的窘境。

靠腦力

王老闆：说实在话，我过去都是透过投资银行来理财，从未想到透过保险公司！

你：为什么呢？

王老闆：道理浅显易懂，它能帮我赚钱啊！

你：您指得是投资吧！

王老闆：对啊！不然怎么赚，他们有这方面的专家。

你：懂了，相对于保险公司，功能则与投资银行大异其趣，是吧！

王老闆：当然啰，术业有专攻嘛！

你：哦，那您认为，保险的专业专攻在何处呢？

王老闆：当然就是保险、保障吗！

你：王老闆，看来，您还蛮喜欢投资银行为您创造资产、财富的服务。

王老闆：对啊！

你：既然您喜欢专家帮您赚钱，那您会不会反对有专家帮您省钱？

王老闆：省钱？这怎么会反对，不会反对！

你：台湾的经营之神，王永庆先生，他生前说过：你赚到的钱，不全都
　　是你的；你能留下来的，才是你的。王老闆，您赞成吗？

王老闆：赞成。

你：那，您知道如何有效又合法的省掉税金支出吗？

王老闆：不是很清楚，怎么做？

关键

　　有投资银行的专家帮顾客赚钱，相对于也要有专家帮顾客省钱，赚钱－省钱，不是很速配的一对吗！至于省钱的作法，则是你的专业知识所在。

　　不过，若是告知顾客，你可以帮他省钱，那是徒劳无功的，**告知，是最差的表达方式**，却也是最多业务员、业务主管使用的方式，为什

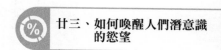
么？其原因显而易见，没有要的欲望，告知再多销售或产品讯息也不会有用，告知顾客商品讯息或事业机会，纯属单向式的发布讯息，并无法燃起人们要的欲望。

你最好摆脱商品解说员的角色吧！学习成为一个激励顾客采取规划行动的专家，才是你真正该努力的方向！

24

中场提醒：为什么赢了一场战役，却输了整个战场

100%

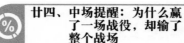
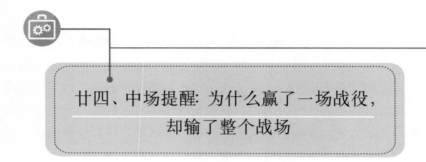

廿四、中场提醒: 为什么赢了一场战役，
却输了整个战场

　　此章的标题，应该反过来解读：如何赢得整个战场，尽管输了一场战役？

　　一位寿险顾问签了一张很「大 case」，团队主管特地表扬她，其他团队也请她在早会时间去分享她是如何签成大 case 的秘诀。一年后，她却被公司「考核」掉了！！（业绩未达最低标准）。

　　连续 3 年荣登公司销售第一名的总会长，风光地到处分享其成功经营狮子会或扶轮社等企业主人脉，同时，亦担任社团的主要会长，公司或所属业务团队的销售人员皆将他（她）视为如推销之神－原一平一样的崇拜，接下来三年，却销声匿迹，业绩大不如前，之前创造的佳绩被后起之秀给超越。

　　带着 3-4 百位业务员的业务副总、部长或协理，过去 10 年人力与绩效都以倍数成长，接下来的 3 年却兵败如山倒，人力大量流失，销售人员士气像人力一样大幅滑落，「市场、景气这几年都不好」、「公司制度因合并后，对我们主管不利，导致人员纷纷离职」、「同业的转续条件太吸引人，一堆人跳槽」！这位主管如此自我解释。

　　业务团队沉浸在业务竞赛的热烈氛围，竞赛期间，业绩飙高，竞赛结束业绩自动下滑；保险公司商品停售前业绩大增，停卖完业绩惨淡。

这是怎么回事？

将时间轴拉长来看，你才能清楚地见识到系统结构的作用力，是如何影响着你或业务主管、公司努力采取行动后的结果。重点是，销售人员注重短暂利益的施力过大，造成某些长期伤害，然而，却不自觉地重复这样的「努力」与「行为」！就如系统思考所形容的，「似乎」有一股看不见的力量，不断的影响着人们努力的结果，短暂的促销获利方案，却带来下一波的滞销或获利下滑，就像坐云霄飞车，上上下下。

当业绩下滑，管理阶层就会多给一些红萝卜当奖励，以激励、刺激销售人员的执行力或动力，管理层永远不清楚，为什么这次加码的竞赛或奖励绩效的方案，带动不了多大的突破，也弄不清楚，较资深的销售人员，除了少数 20% 的业务人员「有感」，为竞赛达成高峯而做，大部分 80% 却无动于衷，业绩平平，毫无起色，窘况一再发生，似乎销售历史一再重演。

「我们的销售周期很短」一一位业务部长告诉我，「我们的业务人员平均一个月最少也有 5 万 RMB 的收入」，他继续说道，想当然尔，是要向我证明他的 200 多人的团队是个高绩效团队。怎么做到的呢？！这可是了不起的成就，在距今（2017 年）的 15 年前。「我们都是摆展示摊位，在戏院、大卖场人多的地方，不论是机车险、储蓄险、申办信用卡、车险……现场就能立即说明，立即成交，平均一个 case 用不到 15 分钟，快速筛选、快速成交」他很自豪地表示，「所以你看，我们是第一名的团队，其它区域的团队也想学」

「哦，那你们这么棒的做法，有这么傲人的绩效，真是不容易，部长，我很好奇，你们这么做之后，顾客是不是照你说的，快速成交」我好奇的问，

「是啊！」

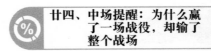

「那你们顾客的续缴率如何呢？」我进一步探询；忽然间，办公室的空气像静止不动一般，几秒的时间像过的特别慢，「你怎么知道我们的顾客续缴保费 70% 都有问题？」

我怎么知道？！系统的结构力量使然！正确的系统诊断是从事销售训练这一行的基本素养。

1. **保险金融（商品）销售属于深涉型商品**，顾客在采取行动前要审视的因素如预算、风险、对销售人员的信任度、公司的口碑与形象、对商品带来的功能与价值评估，家人是否赞成或是有不同意见……要牵扯的心理或是现实考虑因素可不只一项。

2. 到超商买瓶酱油或饮料属于**浅涉型商品**—你去购物架上，拿了一瓶你要的饮料，不用人解说，也不用签约，更不用售后服务，你认不认识店员根本无所谓，付了钱，打开瓶盖就往嘴里塞，享受即时的满足。

只要将深涉型商品，搞成浅涉型商品贩卖，有短暂利益（快速成交），却造成长期伤害（保户续缴出问题）。

一不筛选顾客，二不清楚能力与意愿，三将所有对于现实因素摒除，快速成交，也快速契撤，或是信任感不足，或发现这规划没有经过深思熟虑，自然就会产生副作用力。

更糟的作用力，则彰显在销售人员普遍专业不足或不讲究专业的致命伤上，摊贩式销售，现场成交的愈多，导致未来几个月内契撤或不缴保费的人就愈多，因此，形成所谓的「黑色倒闭」——表面业绩愈高，获利愈下降，获利愈下降，业务主管或业务人员就愈加强现场接触顾客数量，而现场成交顾客数量愈多，几个月内契撤反悔或不续缴的保户就愈多，业务人员奖金被倒扣的就增加，导致人员离职率居高不下，最后剩下的业务员大多是当初没这么做的业务，连 20 人都不到的团队！

真是个……血淋淋的教训，不，应该说一个很好也很棒的真实案例，一如系统思考所描述的，人们往往忽略，系统结构与时间轴交互的作用力，而让人们成为自己努力行为下的牺牲者，然而，在短暂行为有效的当下，人们是看不出短暂利益，是怎么在经过一段时间滞延（Time delay）后；产生的抵消先前努力的效果，甚至形成毁灭性的后果。

发人省思吗？你要不要开始检视自己现在的销售或建立团队、训练业务员、以及自我学习执行有短暂利益的作法，未来会产生什么样的作用力与结果？在经过一段时间之后！

有时候销售资历愈久、职务愈高的业务主管，就愈依赖自己过去的经验去销售、增员、带业务员；要突破，还是要学习跨出自己的经验范围，看看如何建立更强大的团队，或是长期性的突破绩效与收入，而不是偶一为之！

结构，真的决定结果。

锯齿状绩效/Saw Blade Performance

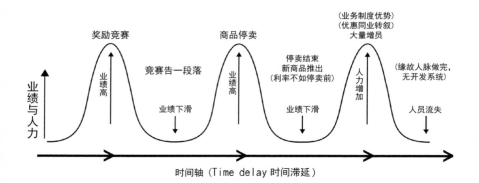

25

有时，什么问题都不用解决，
问题就解决了

100 %

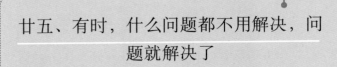

廿五、有时，什么问题都不用解决，问题就解决了

众所周知，业务的销售前提，皆以「解决」问题或提供「解决方案」做为销售的基础，自然而然，业务员理应是一个很会解决问题的人。解决顾客提出的问题，被销售人员视为一种专业呈现的管道与媒介。

然而，真的是如此这般吗？！

如果我说，80% 的销售人员「解决顾客提出的问题，是浪费力气与时间的无效作法，你相信吗？！」

就事实来看，在销售上，根本没有值得解决的问题！而没有问题，又怎么会有答案、或解决方案呢？

 **靠脚力**

王老闆： 我回去跟太太讨论完后，她说不用了。

你： 为什么呢？

王老闆： 她说不想多花钱买保险。

你： 不然，如果把年缴 100 万变成 40 万呢？

王老闆： 她不会同意的啦！讲也没用！

你： 可是，再不买，这个月底就要停卖了，要不要我去跟夫人谈谈。

王老闆： 我知道你很专业，不过，她不喜欢跟业务员谈。

你： 其实，我只是想知道夫人说不想花钱买保险是什么意思！

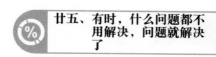
王老闆：他说钱有更好的投资，没必要放在保险，我们家不缺这个钱。

你：虽然不缺钱，风险还是在啊！

王老闆：她说我们自己就可以解决，用不到保险。

你：可是，再怎么有钱，也还是会有风险存在，风险是不挑人的！

王老闆：我知道，只是，太太不同意，我也没办法，你知道，家和万事兴吗！总不能为了这种事弄得不愉快，没必要吧！

你：王老闆，你不再考虑一下吗？

王老闆：还是算了吧！

如果你发现，说服人去改变，往往是徒劳无功的事，不用太惊讶，大部份的人都知道为什么要改变，也清楚知道，改变后，钱会赚更多，日子更好过，投保后，财务与人身风险可转移，不用自己与家人承担，都知道，然而，真正愿意付出行动去改变的人，却不多。

而销售人员每天都在做「改变」顾客的事，这是全世界最困难的工作之一。而这也是为什么业务员的阵亡率（流动率）居高不下。同时，也是业务主管或公司，不断要增员，以扩充人力业绩的原因之一，总是有人做不下去，赚不到糊口的收入，又要面临生活的支出，少有人能撑过入不敷出的日子超过 6 个月！常有人说，业务能做的好，都不简单，这句话一点也不假。

只是，销售人员积极地展现强烈的销售动机，却常遭致顾客们的反弹，而业务的属性，似乎就在这想象与现实间摆荡！

靠脑力

王老闆：我回去跟太太讨论完后，她说不用了。

你：为什么呢？

王老闆：她说不想多花钱买保险。

你：您的意思是说，您讨论过后，夫人说，不想多花钱买保险，是吗？

王老闆：是啊。

你：那您的意思呢？

王老闆：我也认同她说的，毕竟，我还是要尊重她。

你：我了解了，王老闆，夫人跟您都是对的，您知道为什么吗？

王老闆：为什么？

你：你们不但是对的，而且，你们所说的，正是你们要做好风险控管规划的理由，你知道为什么吗？

王老闆：什么意思，不懂？

你：夫人跟您不是说不想花钱买保险吗？

王老闆：是啊！

你：那保险业二百年来，不就是要帮保户在风险来临时，让保户省钱，或不让他们花钱而存在的吗！

王老闆：……

你：你们不就是为了以后风险万一发生时，不要用到自己或子女的钱而投保的吗？！不然，哪还有投保的必要呢！王老闆，您仔细想想，我没说错吧！

王老闆：嗯，是没错。

你：既然夫人不想花钱，那您问问夫人，当风险发生时，她是要花自己跟子女的钱好，还是用保险公司的钱好？

王老闆：当然是保险公司的钱好。

你：哦！那，王老闆，怎么样才能在风险发生时，不花自己或子女的钱，而是保险公司来出钱呢？

王老闆：我知道了，那要怎么做？！

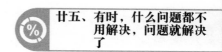

爱解决问题成了业务员的天性，是时候该重新学习，重建新的思维与架构。

解决问题的意思就是，备妥各类问题的相对性说法，譬如此案例，靠脚力的业务员会不自觉地被问题卷进去，导致顾客与业务皆走进死胡同，而之所以这么做的原因，皆来自错误的假设前提，以为解决完问题，顾客就没有问题，然后就成交了。如果事情真那么容易，那销售也太容易，80%的业务员都发财，成为千万或亿万富豪了。

如果不去说服或所谓的解决问题，而是学习看清问题或人的本质，再从这项本质延伸出人们为什么要购买的理由，进而去让人们自己启发自己去采取行动，走一条阻力最小之路，不是既省力、又省时、效果又好的不得了，不是很好吗？

我们传统的业务技巧训练不但落伍，甚至，还危害了业务员的生存与顾客之间的信任；这并不包含与顾客间的人情、人际关系、服务质量等其它参数，单纯就传统的销售训练而言，主因，还是来自线性反应所造成的对立性结构。在对立性结构中，顾客的防卫会因业务员的说服而增强，传统推销训练中的话术，当你仔细探究一下，你会发现，这种对立性的增强结构，其破坏性何其大！

当你是公司的业务决策者，或是业务主管，要带领业务员创造高绩效、高利润或吸引业务高手共同创业时，也许，你们自己本身可重新审视过去所学习与累积的经验，是遵循着传统靠脚力打天下、亦或靠脑力拥天下！

当问题本身就是答案，你要看透的是问题本身，而不是跑去相反方向去找答案。问题本身既然就是答案，还要想什么答案呢！

顾客的口语症就是：

1. 太太不想花钱买保险

2. 先生无法不认同太太

说实话，你也不知道太太不同意是真是假，还是顾客不好意思直接拒绝你，以他的太座来当挡箭牌！所以，不用去探究这个「太太」事件是真是假。

至于不想花钱买保险这理由则更是有趣，有保险保障这件事，压根儿不就是不要花自己钱；在风险发生时，不是吗！这不是保障的最基本功能，不然，还有其它功能吗？所以，顾客讲的「不想花钱」买保险，保障，不就是为了不想花钱而做的规划，这要解决什么？我实在觉得好玩，顾客说的，是要做规划的理由，而传统业务推销话术或技巧的训练，却教大家，这是一个顾客拒绝的理由，读到这儿，不知身为业务主管或销售人员的你，是不是会有种「本来无一物，何处惹尘埃」的感觉！

话虽如此，要教导销售人员与资深业务主管如此这般看懂结构，而不去处理症状，却非易事，截至此书付梓的 2016 年为止，廿年来，我还在持续不断地努力。

26

你不能强迫顾客购买，
你得想办法让他们要

100 %

廿六、你不能强迫顾客购买，
你得想办法让他们要

销售的重点，不在说明商品内容，而在如何让顾客要。

那么，超过 80% ～ 90% 的业务员都被训练成，不管顾客要或不要，先说明商品再说；也就是，说明完了，再来看对方要、或不要。以20-80 定律（帕拉图法则）来看，你有 8 成以上的顾客说了不要的理由，10% 的顾客徘徊在要与不要之间，剩下 10% 有可能当场成交或在接下来短时间内成交。

成交比例低，自然会让销售人员产生挫败感，这也是为什么坊间潜能激发或心灵成长的课程如此多的原因。摆明的功能，就是激发斗志，让受训者抒发由市场顾客面而带来的挫败感，并以激励性活动（如吞火、过火、击破、呐喊……）来激发动能，然后，让你产生自己无坚不摧，无所不能的错觉，等到下次再投入市场，迎接下一波因策略不奏效、结构乱七八糟而带来的挫败，然后，一堆人就把这类训练课程当成救生圈，不断重复，直到自己再也挤不出一点兴奋感，口袋也被掏空为止！

至于传统的推销话术与技巧训练，虽立意点甚好，然而策重头痛医头的线性反应也不遑多让。这也是为什么在系统结构学里，会主张「结构决定结果」。当然，结构也决定了内容。

要改变收入的高低与持续性、销售成绩的好坏，你要改变的是创

造与开发顾客的流程与策略，这里的流程与策略，指得就是建立系统架构，任何人都不可能透过结果来改变结构，就先后顺序而言，是先有结构，才产生结果！

 靠脚力

王老闆：你要邀我见面也可以，但是，千万别谈到保险。

你：为什么？

王老闆：我的朋友们都知道，我不会接受保险业务员的推销、填写问卷、或引导，我连朋友推荐都不接受！

你：……

王老闆：我不希望你约我出去是有目的，你 OK，我们再出去聊。

你：其实，我约你出来当然有其目的，至于保险，没关系，就像朋友间聊天，我不会谈这个话题。

王老闆：那我们要谈什么？

你：就聊聊天，喝喝咖啡，顺便再跟你请教几个问题。

王老闆：你的回答就像之前我接触过的寿险顾问，我看，你还是不要再浪费时间绕圈圈！我也蛮忙的。

你：没关系，王老闆，那你看我什么时候再去拜访你比较方便？

王老闆：再说吧！

 重点

业务员通常不喜欢太直接表明要推销的意图，在东方社会的文化基因中，认为那实在太直接，甚至是一种不尊重人的表现。因此，就发展出了「建立人际关系」或简称「建立关系」的商业策略。先和目标对象建立关系，有了这层「关系」，即可卸下对方心防，以利推销。听起来蛮有道理，而业务主管当业务员时，他（她）的主管就是这么教他

（她），等到自己也当上主管，自然也就延用这一套「建立关系」销售法去教导辖下业务员，直到现在！

尝试着与潜在顾客建立关系，通常被当作在列出顾客名单后的接续动作，没有一个业务主管或业务员会质疑，这样的作法，毕竟，大家都是这么做的，有什么不对吗？

重点是，你扪心自问，依你的实战经验来看，所有你尝试「建立关系」的潜在顾客，都成交了吗？若这个假设前提是正确有效的，那为什么还会有这么多超过九成以上的销售人员「低产值」呢？照道理说，「建立关系」是销售要做的首要工作，那么，所有跟你有亲朋好友关系的人，都成交、成为你的顾客了吗

有没有人因为有那一层「关系」，反而不好销售、不好开口的，多不多？！

建立与潜在顾客之间的关系并非错事；只是，一谈到要建立关系，就不得不「花时间」培养关系，要培养关系，销售周期自然拉长，而现在的顾客，你对他（她）的销售周期拉愈长，顾客的购买欲望就愈低！为什么？有两项主要原因：

1. 顾客的欲望稍纵即逝，变数太多。

2. 是谁说，全世界只有你一个人提供商品讯息给他（她），竞争对手多不多？现在的顾客被推销的频率与次数，有没有比 10 年前多呢？

如果建立与潜在顾客的关系，是为了销售，而销售的重点，不在说明，而是在如何让顾客「要」；那么，为什么不能想办法让他（她）要，不就好了吗？这是很简单的逻辑，只是大部份的销售人员想不透，在外围绕圈圈，转不到核心去！

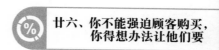

 **靠脑力**

王老闆： 你要邀我见面可以，但是，千万别谈到保险。

你： 为什么？

王老闆： 我的朋友们都知道，我不会接受保险业务员的推销、填写问卷、或引导，我连朋友推荐都不接受，我不希望你约我出去是有目的。

你： 您过去是不是有被不当推销，因而产生不好的经验？

王老闆： 是的。

你： 然后，您不想再重复那个经验，对吧！

王老闆： 推销，不就那么回事吗？

你： 既然我已经知道您讨厌业务员的原因是什么，您猜，我还会重复去做您讨厌的事吗？

王老闆： 应该不会。

你： 我也是寿险顾问，我得替过去那些强迫推销、给您人情压力的同业道歉，您知道为什么吗？

王老闆： 不知道。

你： 同时，我也必须感谢那些让您讨厌的同行，您知道为什么吗？

王老闆： 不知道。

你： 您听听看有没有道理：您认为，这世上每个人、包含您我，都能掌握任何未知的风险吗？

王老闆： 哪有可能！

你： 我很同情过去您的遭遇，那些同行的出发点是对的；然而，他们的表达方式却是拙劣的。您仔细想想，我没说错吧！

王老闆： 是没错。

你： 因此，真正的重点是，您是要继续排斥大部份的寿险顾问，用传

统的方式向您推销，而导致您因此暴露在最大风险之中而不自知，还是，您要选择一个懂您的人，和您好好的坐下来，讨论来自健康、生命、金钱等风险的规避之道，把该转移的风险转移，而非由家人或自己承担，无论您是家财万贯、或是维持小康，您要选1，还是2呢？

王老闆： 当然选2啰！

你： 您现在愿意平心静气的，好好坐下来和我谈谈，该怎么转移各项风险了吧！

王老闆： 好吧！不然我们就直接约在我的办公室。

 关 键

任何的改变，只要经过人们表意识的处理，最后，都将徒劳无功地迈向失败一途！为什么？

表意识，是人类批判因子的来源，就拿瘾君子来说，超过80%的抽烟者都「知道」要戒烟，做得到的，不到10%！90%过于肥胖者困于随之而来的慢性疾病威胁，也都「知道」要减重，要运动并控制饮食，你猜，真正能做得到的比例是高、还是低！你问一位业务员，「知不知道」要一日三访或一日五访，当然知道，每天都如此这般做得到一日三或五访，连续五年不间断吗？

人们「知道」的很多，做到的，不及知道的一半！这是怎么回事？

人有两个系统同时存在，也同时在运作，然而，功能却大异其趣！

一是「知觉系统」，另一个，则是「神经系统」。

你是否清楚地知道，人的知觉系统会欺骗自己的神经系统？！为什么？

「知觉系统」负责储存知识、察觉经验、以及辨别是非；「神经系统」则负责采取行动；那么，「知觉系统」是如何欺骗我们自己的「神经系统」呢？

透过跟自己或他人说：「我知道」这三个字来达成自我欺骗的功能。你这辈子只要讲了「我知道」，不论知道的受词或标的为何，皆暗示自己是做不到你知道的标的！

当你跟自己说：「我知道要一日三访」，就代表你「知道」要一日三访，然而，同一时间，你的「神经系统」会误以为你知道就会做到，事实上，你做到的次数是屈指可数的。

「知道」与「做到」，是两码子事！用你的脑袋当成「知觉系统」的代表，你的脚，则代表「神经系统」的行动，你就会发现，头与脚，是一个人身体最长的距离！

所以，中国古谚：「知行合一」，「学而时习之，不亦乐乎！」真是有智慧！

要破除「只是知道，却做不到」的魔咒，最有效的方式之一，就是将口语的「我知道」改变成「我做到」或我「即将做到…」，此时启动的就不再是你与顾客的知觉系统，而是神经系统。

你有没有遇过一大堆「知道」要做财务风险控管规划或人身风险转移规划的顾客，最后，却什么也没做的人，多不多？！「我知道要做长期照顾险的规划，但是……」，「我知道资产保全非常重要，可是……」、「我知道你们的外币保单利率较定存好，但是……」这些语言结构有没有耳熟能详。「我知道……但是……」可是、但是的后面，一定是接做不到的理由！至于知不知道要做呢？当然是「知道」。

你不能在表意识的层次上去说服人们改变，人们知道要改变，然而，却会抗拒改变。从事销售，你得学会让人们自己去要，由人们的内

在力量去启动自己，而非单靠外力去尝试说服对方。

除非人们自己要改变，否则，你是帮不了他（她）的！这意思是说，除非顾客自己要，否则，你是说服不了他（她）的！

请孔老师开示~我要如何才能在耳顺之后无忧无虑退休！

少壮不规划退休金
老大徒伤悲！
老师在讲有没有在听

看到你现在这么努力的工作、赚钱，让我想到15年后，你是否能无忧无虑地退休，子曰：退休金是现在就要规划的。

27

无理取闹的顾客，要怎么办

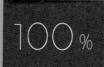

100 %

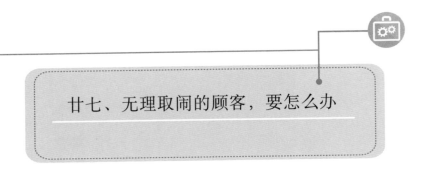

廿七、无理取闹的顾客，要怎么办

曾有美国某大学商学院教授暨作者说过：「顾客永远是对的」；「那万一顾客是错的呢？」有人质疑问道，「请重读第一条」；哪一条？「顾客永远还是对的！」这就好像咱们中国人所说的：「天下无不是的父母」是一样的论调，父母都是对的！商场上说：顾客是我们的衣食父母。看来，这位美国商学院教授的真知卓见，不过是剽窃了我们老祖宗的一点小智慧。

只要是人，在主观意识或自我防卫机制下，皆会犯错，人类本就是一种持续犯错的物种，只不过，「吾日三省吾身」，颜回的「不贰过」，即以自身的道德行为高标准来「净化」犯过的错，不要被同样的石头绊倒两次。

「从错误中学习」这种陈腔滥调其实也成为会犯错的人脱罪的说辞；既然人们可从错误中学习，那当然也能从做对事当中学习；错误中可学习不贰过，正确中可学习重复正确的模式，甚至更精进正确之道，道理不都相通嘛！

既然，只要是人，就会犯错，那么，顾客不也是人吗？怎么可能「永远是对的」呢？

追根究底，都还是跟「钱」有关。

美国某个商学院教授又说：「经营企业，没有利润，就是罪恶」，原来亏钱的企业，就是罪恶的代表！此话若成真，范围从企业缩小到销售人员，「经行销售事业，没有利润，就是罪恶」业绩低落，赚不到钱，原来是……罪恶一件。

有没有不犯错的人？没有人敢打包票回答：没有。那，有没有不犯错的顾客？答案是……

近年来由于智能型手机的功能涵盖面愈来愈广，从通讯软件、上网购物，缴各种费用、照相、录像、编辑、游戏……等令人眼花瞭乱的功能无所不包，自然有许多「犯错」的人被手机拍下，再传上网；原来无理取闹的消费者或顾客是真实存在的！

既然真实存在，看在「钱」与企业、或你所代表的销售质量的面子上，「顾客永远是对的」随即成为最高指导原则。然而，真的要为了钱而是非不分、黑白颠倒吗？

或许，重点不在「争夺对错」，而在如何「化干戈为玉帛」；处理的过程弄个宾主尽欢、相拥而泣、欲罢不能！

为了商业利益，而放任消费者或顾客予取予求、无理取闹、甚至颠倒是非，占尽销售人员或企业的便宜，那么，是否会助长消费者与顾客「积非成是」，反而形成未来吞噬自己消费权益的肇因？企业或销售人员的息事宁人，真的是对自己或无理取闹的顾客最好的相应之道吗？

当然，也不会有人或企业真的主张与这类型的消费者或顾客争个你死我活，甚至对簿公堂，那也不是「以和为贵」的东方哲学该有的风范。这一点，与西方或以美国为主的商业价值体系与主张可是截然不同，咱们东方人处处讲人情，西方世界则处处讲法治。法治是以契约做为法律的依据，没啥模糊解释空间，讲人情的东方社会体系则不这么硬

派；情、理、法，你看到这个顺序了吗？为了不得罪人，乡愿、息事宁人、大事化小，小事化无，自然成了凌驾买卖契约的约束力。即便签了约，付了钱，也过了法定契撤期或鉴赏期，消费者或顾客依旧有小部份「不尊重」自己当初认同的契约精神，这种「奥客」，现在愈来愈多！

 ## 靠脚力

王老闆： 这次理赔我很不满意，六年前都是你叫我把实支实付另一家退掉，不然，这次就有两家可理赔，金额是加倍哒！

你： 不好意思，当初我记得，是您自己说我们公司的实支实付医疗保障比较好，才做的决定，您说保费比较省，保障项目比较多，比较划算。

王老闆： 是没错，那你应该阻止我把另一家原来刚做的退掉，你为什么没阻止我？都怪你！

你： 真是冤枉，王老闆，您是顾客，我是业务，我怎么能干涉您做的决定呢？是您自己比较两张保障内容后，自己决定要撤掉另一家，这，应该不关我的事吧！

王老闆： 唉呀，你们这些保险业务员都一个样，话都是你们在讲。

你： 王老闆，反正我们公司已经依约理赔，至于您抱怨的问题，我想我也是爱莫能助，帮不上忙，毕竟，顾客是最大的，很抱歉，不过，您说的问题，不是我能负责或处理的！

王老闆： 我知道你不能处理，不然还能怎么办！你赔我吗!?

你： 那是不可能的，王老闆，您别说笑！

王老闆： 你看吧！说你们都是一个样，算了吧！

重点

　　有些事或有些人，一接触到销售人员，免不了会有不同的反应，而这些不同的反应，也只是「经验的投射」，什么经验？当然是过去曾经遇过同样被推销的经验，这些经验会在下一次接触到销售人员或销售情境时「自动」重复出现，而身为销售人员的你，最重要的专业价值之一，不只是说明商品，讲解购买程序与提供的服务，更重要的是，从顾客的反应中去观察，整合出属于每位潜在顾客的「行为模式」，「模式」这个字眼以英文来解释，叫 pattern！

　　不论医学、政治、商业、学术、社会、人文……，只要你说的出来的人类活动，都有「模式」存在，那是指从行为与事件当中观察或回溯工程，以建立一或数套让事件能按预期发展的可控因子或准则。没有了解模式，人类将无行事准则，企业将无法施行从研发、生产、制造、销售、服务整套生存机制。因此，建立模式，人类才有形成社会、文化、生产、消费、组成家庭、政治运行的行为运作，乃为一种深植于人们意识与基因中必有的机制。

　　所以，你如何区分好客或奥客的行为模式呢？特别是在一开始与对方的互动当中，会关注这类行为模式的业务员不多，他们所持的观念大多是「等碰到再说」、「我不会这么倒霉遇到奥客」；事实是，伴随着消费者消费意识抬头，滥用消费权益的消费者也水涨船高，在讲究「万业皆服务业」的年代，顾客的感受至上；一位日本观光客赞许饭店的茶「热的好」，泡出茶的真滋味！同样的茶，同样的温度，来自韩国的客人却说茶「烫到他的嘴」，把服务人员修理的体无完肤、好不痛快！难做人吧！

 **靠脑力**

王老闆： 这次理赔我很不满意，六年前都是你叫我把实支实付另一家退掉，不然，这次就有两家可理赔，金额是加倍吧！

你： 是吗？王老闆，真的很抱歉，事情没发生都不知道保障的重要性，发生了才知道，没错吧！

王老闆： 吧！怎么听起来怪怪的！

你： 王老闆，这不就是您的意思吗，您说当初要不退另一家，不就有两家可理赔，这不就是说，事情没发生，都不能体会到保障的重要与必要性，不是吗？

王老闆： ……

你： 不过，我很好奇，王老闆，您可不可以告诉我，您从有投保到现在，不管是不是跟我做的规划或别家保险公司的规划，您有没有两家一模一样的保单，是重复缴保费的？

王老闆： 没有啊！怎么可能会有两家一模一样的保单，同时缴保费的呢？

你： 为什么没有？

王老闆： 没必要啊！

你： 为什么没必要？

王老闆： 重复缴费了啊！

你： 哦！谢谢您，王老闆，您刚帮我解答了您的疑虑。

王老闆： 什么意思？

你： 您既然没有、也不会重复两张一样的保单，更不愿重复缴保费，哪来有两家同时理赔这事儿呢？

王老闆： ……

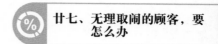
你： 您应该是说，您从这次的理赔事件发现，您要如何增加保障额度，

而不只是「有保就好」，以免事情发生时，又嫌理赔金少，没错吧！

王老闆： 嗯！没错！

你： 您现在愿意看看，怎么在风险控管上，增加保障额度的项目与做法

了吧！

王老闆： 哦！那就帮我看看怎么做吧！

现代的销售人员，不再只是当个商品解说员，还必须学习辨识整
个结构的能力——从一个点，看到一整个面，再形成一立体 3D 的整体
构面，方能正确的判断或诊断来自顾客销售面的问题；至于，怎么将「问
题」转换为「资源」，那是在具备系统结构后的策略性运用。策略，是
一种正、反双向的逻辑，大部份的人并无这种来自逻辑论证上的训练，
既然没有，荒腔走板的销售则随处可见，也随处发生，自然也影响到顾
客对销售人员的专业信任感；当然，更会影响到成交命中率。

如果你不是靠脚力或传统业务员的反应去试图「解决」问题，那
么，就会是你开启「思考」而非「反应」的第一步。前面提到「模式」
pattern 的重要性，相对于「被动式反应」的模式是截然不同的。被动
式反应为大部份人的「反应」模式——即建立在遇到问题时，针对问题
去想解决办法，所以，问题——答案，即构成了「直线性反应」，此线
性反应恰为系统思考当中，彼得·圣吉所提的「症状解」，而处理症状，
就成为人们习以为常的反应。重点是，一个症状处理完，没多久，又会
衍生出第二个问题，所以，症状像肥皂泡，解决办法（针对问题）像水，
两者一结合，泡泡就会愈来愈多，永远都在解决问题，却也永远在制造
未来更多、更严重的问题！

当我们在描述这种结构性问题时，不能将「问题」视为一独立个题，想着怎么去处理或解决之道，系统思考有其本质上的结构，思考的价值绝对凌驾于只是反应，太多人误将「反应」当「思考」，事实上，人们反应很多，思考却很少！

表面上，你会以为这位顾客以未获得「双重理赔」做为其抱怨的理由，如果你是「正常人」，自然会站在对立的立场保护自己，在这样的前提下，反应就会像「靠脚力」的对话形式，其结果，你也知道，没啥好下场！

让我们重新「思考」一下，他的埋怨理由，不就是其察觉一旦风险发生时，保障的价值所在吗？

再者，抱怨无双重理赔金，请他回溯他自己过去是否投保两张一样的保障内容的保单，也重复缴保费。当他自己去回溯过去的投保行为与纪录时，他是找不到任何双重投保与缴费的纪录，比较多的，会是不同属性的保单，而非同样的保单重复缴，既然没有重复投保二张一样的保障，也没有重复缴费，而他也不愿意重复缴费，哪来的双重理赔金呢？

思考的逻辑自有其辩证上的基础架构，以及随之而来的价值，并不能被视为一种标准答案，因为，这并非推销话术，或是，传统推销称之为，解决顾客抗拒或抱怨的方法。

学习如何系统化地思考：思考，不是指解决问题的答案；思考的力量远大于推销的技巧，更大于只靠人情或人际关系做生意；思考可以帮助您整合，综观全局，而不失之偏颇。而思考，在威力行销研习会的训练里，区分为三种思考模式，此三种思考模式（3 thinking patterns）会是你建立突破模式的基础：

1. 系统思考：学习辨视整体结构的九大模型。

2. 放射型思考：亦称为辐射型思考，学习互为因果的创意模式。

3. 凝聚式思考：学习化繁为简，从复杂中整理出真正关键重点所在的能力。

具备此三种思考能力，你就不会困于现实而无法跳脱，也不会徒劳无功地反复采取短暂有效却造成长期伤害的行动；同时，你更可带领陷于现实困境的人，平心静气地往真正的杠杆解投注心力与行动；杠杆只有一个，症状可有无数个！

令郎头骨精奇~
是百年难得的念书奇才！
我这本秘笈你不买没关系
但令郎的教育基金你非存不可！

看你孩子的头那么大，脑容量比一般人多，就知道你
非帮他(她)存教育基金不可，不然就浪费他(她)的大头了。

28

为什么从顾客的角度思考这么
具挑战性

100%

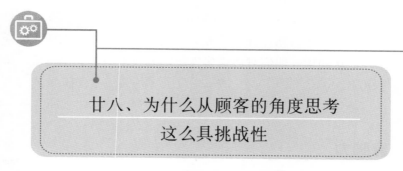

廿八、为什么从顾客的角度思考 这么具挑战性

　　此章主题真正的意思是：为什么要销售人员从顾客的角度去思考，这么难？

　　销售人员或业务主管从推销、如何促成、如何达成业绩竞赛的目标作为出发点积习已久，他们也不觉得没啥不对，直到遇到所谓的「销售瓶颈」「人力成长瓶颈」「增员瓶颈」时，想到的解决方法，充其量不过就是 1. 增加诱因：竞赛奖励加码，以刺激销售人员的动力。2. 树立罚则：没达到业绩标准者，假日要加班，不然，就要参加业绩检讨会议。3. 增加业务会议，检查业务日报表，主管盯业务员的拜访量。4. 主管请销售人员多邀约顾客来听说明会。

　　听起来很熟悉，不是吗？

　　从销售的立场发送讯息由来已久，推销话术这种「制式化」的销售语言，对业务员与业务主管而言，早已根深蒂固，然而，销售语言毕竟不是「顾客的语言」，或者说，那是为了达到成交而采取与顾客「相对性」的语言，一位嫌价格昂贵的顾客，你会向其证明，这一点也不昂贵；一位说不需要医疗保障或长期看护的顾客，你会想尽办法，说服他（她），每个人都有需要医疗保障或长期看护险。这样一来一往的轨迹，深深烙印在业务人员的脑袋，你猜怎么着；顾客也不是省油的灯！他们被销售人员「训练」的如一支精良的部队战士，为了捍卫自己的疆域，早就知道在哪儿部署兵力去防堵你——销售人员的销售攻击了。

如果有人问你，什么是「顾客的语言」？你可能弄不清楚那是什么意思。若有潜在顾客跟你说：业务员就是靠一张嘴，你也许就会懂；在潜在顾客的认知里，他们对待销售人员的方式虽不是如出一辙，毕竟也差不了太多。

 靠脚力

王老闆： 对于你谈的退休金，我没兴趣。

你： 王老闆，根据您上次填的问卷，就是退休金规划的问卷，每个人都应该为未来退休金生活做好准备。

王老闆： 我没有要买。

你： 您在问卷中，有写出想要的退休金数字，怎么会没有要存呢？

王老闆： 没关系，先不用了。

你： 那您觉得什么时候做比较好？

王老闆： 我现在根本就不想这个，这不是我的当务之急。

你： 退休金本来就是要提前做的规划，现在不做，以后年纪大了，搞不好有体况问题，再做，一定来不及，而且年纪愈大，保费成本就愈高，当然是趁着王老闆还年轻力壮的时候做规划啊！

王老闆： 谢谢你的好意，再说吧！

你： 不然，王老闆，现在长期看护险也很夯，政府也很重视这一块，您要不要听听看！

王老闆： 你还真是不放弃，以后再说，我现在真的没心思想这些。

重点

锲而不舍，虽是身为一位销售人员该有的态度，然而，却不应该

是让潜在顾客燃起持续抗拒你的导火线！

锲而不舍是对的，表达方式却是无效的，做的再多、讲得再有道理，照样是没支撑的帐篷，白搭！

销售人员站在销售的立场发送讯息，目的是成交。而成交，指得是利己（销售人员、公司），还是利他（顾客）？这世上，站在自己销售立场的销售人员多；站在顾客立场的销售人员则少得可怜，弄得潜在顾客对业务员是能躲就躲，也采取三不政策——不接触、不谈判、不妥协！

销售人员从推销的动机所学习、设计与发送的讯息，导致了超过80% ～ 90% 的消费者、消费市场及潜在顾客丧失了对销售人员的信任，而好笑的是，业务人员、主管与公司却不以为意，依然我行我素，银保监会遂起而管之，有各项规定来限制金融销售或寿险销售人员，保险经纪人的销售辞令与脱序已久、却不被正视的销售行为，岂不可悲，纵使局势大不利于销售，为了短期利益，除了被动地遵守银保监会的规定外，业务团队及销售人员还是不自觉地续用销售的语言去推动整个业务活动与拼凑而来的零星业绩；就像你听到一个醉鬼说「我没醉」，那，他（她）一定是醉了！

 靠脑力

王老闆：对于你谈的退休金，我没兴趣。

你：不好意思，我原来跟您谈的退休金规划，就当我什么也没讲，因为，那根本就不是您现在要的，没错吧！

王老闆：是没错。

你：说实在话，您还这么年轻，就创业有成，还有好多人生的梦想与目

标要追寻，也不急于这一时半刻，为了 20 年后的事去做规划，对不对！

王老闆： 你说的对。

你： 然而，还是要谢谢您，让我有机会为您提供建议。

王老闆： 没关系，以后还是有机会。

你： 对了，您现在每个月的收入，都有拨一部份存银行吧！

王老闆： 那是一定的。

你： 哦，您为什么会存银行呢？

王老闆： 现在景气不好，投资环境也差，钱赚到当然要存起来，以备不时之需。

你： 您的意思是，不想承担投资的风险，是吗？

王老闆： 是啊！

你： 王老闆，您的重点有以下几个，您看看对不对：第 1. 您提到景气与投资环境最近不好，代表您想投资创造利润，然而担心有风险，没错吧！

王老闆： 没错！

你： 第 2；您将钱存银行定存是为了以备不时之需，而所谓的不时之需，一是指万一有好的投资标的，你得有子弹；二是指万一发生什么人或钱的风险，您得有钱应付，对不对！

王老闆： 对！

你： 根据这两项重点，王老闆，您会有两项选择，您听看看，哪一项，才是您要的：

1. 继续把钱放银行，而现在定存利率快接近负利率了。
2. 把钱放在年复利 2.25% 的增值规划，同时还有保障，也没有投资要承担的风险。

王老闆，如果是您，您是要选 1. 还是 2. ！

王老闆： 当然选 2。

你：为什么选 2 呢？

王老闆：听起来比较符合我的利益。

你：那您现在钱放哪儿呢？

王老闆：银行！

你：那，您现在要怎么做？

王老闆：就照我刚刚的选择做；只是，要放多久？

你：时间 X 复利，效益大于原子弹，您自己选择要 6 年、或是 10 年！

王老闆：那就 6 年好了！

 关　键

　　用顾客的语言说话，不是指重复对方讲过的话；精确的说，要用顾客的语言，靠得完全是「观察」二字；而观察力的训练，恰好是业务员的养成教育、训练中最缺乏的一块。反过来讲，传统业务员的训练，最不缺的，即为推销话术与如何解说产品，也有许多销售团队三天两头就搞个推销话术比赛，公版话术彷佛是他们身为销售人员惟一展现价值的所在！

　　你可以发现，不论是从销售方或顾客面，推销人员与被推销的顾客像是一条线的两端，业务员愈追着顾客跑，顾客就愈往反方向跑！而且业务员追的愈紧，顾客就跑得愈快。

　　话术——即所谓的推销辞令，纯然是一种「单恋」，不顾对方的感受，只想着自己要讲些什么、传达些什么，而却自以为所说所做的一切，都是为了他（她）好，一厢情愿的当个销售苦行僧！

　　当你说话速度快或慢过顾客能接受的，你说什么也没用；当你要对方下决定购买或签约，却不清楚对方是如何做决定的模式，就会抵销

前面你的努力；当你对顾客过去的购买历史、经验没兴趣也不想了解时，你将失去成交的依据；当你在销售说明前，没弄清楚顾客的购买意愿与购买能力时，你就是在瞎子摸象；当你不能敏锐与正确地判断顾客的潜意识讯号或非语言讯息时，你会错失激励顾客采取行动的机会；当你将顾客当做推销的对象，而不是帮助的对象时，遇到防卫或抗拒也只是早晚的事儿！

用顾客的语言说话与用业务员的语言说话其结构与结果有若天壤之别，站在销售的立场发送讯息跟站在顾客的立场让他（她）自己影响他（她）自己，你可以选一条「阻力最小之路」，毕竟，什么对顾客而言，才是使其自己影响自己做决定的依据呢！

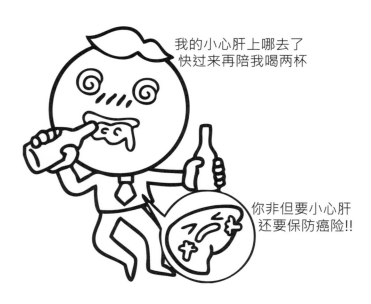

你真是酒国英雄(雌)，豪气万千，
防癌险一定要保得像你的酒量与气度一样。

29

逻辑的力量

廿九、逻辑的力量

你是否自认为逻辑能力很好？亦或觉得自己没啥逻辑？

事实上，消费市场常常误解销售人员的语意，不然怎么每家象样的企业还要另设「客服部」、「客诉专线」、「免付费专线」这些名堂来帮销售人员收烂摊子呢？！

消费意识抬头，代表消费者或顾客不但重视自己本身的消费或购买权益，在「购买」或「消费」、「财务规划」这些行为上，他们的消费或规划财务逻辑比以前的人更高了一层。

那么，身为销售人员的你，你的销售逻辑是否比顾客高呢？还是，你老想着怎么介绍商品，快速成交？

有人说，逻辑是一种推理的过程，像侦探小说；也有人说，逻辑是数学上的统计学；其实，不论你怎么去定义逻辑二字，都没关系，事实上，当你选择投入销售做为事业的开始，就已然是一个具逻辑的选项了。

为什么？

一般正常人，根本压根儿不会想去做业务员，要去做寿险业务的则更是「避之唯恐不及」，就像去做传销一样，你会吓跑一堆身边周遭的亲朋好友，怎么回事？你也知道，他们都是你的「缘故」市场，而不论你做的销售是寿险或传销，除了商品知识，你一下业务单位的第一件

事，就是教你列顾客名单，你总要有推销的对象，那么，谁会是你第一批想到要推销的对象呢？任何一个自认为脑袋「正常」的人，大概都不想走到保险公司某通讯处的门口，理由当然不只一个！

那么，似乎只有不那么「正常」的人，才会选择以保险业务员为业！要不在乎别人或亲朋好友批判性的眼光，着实不易，不是每个人都做得到；「什么，你去做保险？」

就是因为「正常」的人太在乎他人批判性的眼光，所以，他们做不了当业务员这个选项，要自己开发顾客，又要面对顾客的拒绝，而且，还没有底薪！光这一点，就打死一票人！

「正常」的人不愿意跨出舒适区，更怕承担风险；「不正常」的人愿意跨出舒适区，也愿意承担必须承担的风险；因此，功成名就者，视风险为迈向财富成功的阶梯，那是使他们创造傲人财富的必要及必经过程；不了解这一点的人，则误将风险当成险境，连碰都不敢碰，更别讲去经历它；殊不知，**为成功所承担的风险，绝不会大过保持平庸的风险**，为什么？因为，**保持平庸，已经是人生最大的风险了！**

这不是一句激励人心的金科玉律，而应被视为符合顶尖思惟的商业人士该有的基本逻辑。愿意承担没有底薪或固定收入的风险，你才能创造无限制的财富？不是吗！

 ## 靠脚力

王老闆：你看，我最近户头多了一笔继承的遗产，扣掉10%的遗产税后，这笔钱要怎么运用比较好？我太太的意思是拿去买房投资，或是买股票，你觉得呢？

你： 不要吧，这么多钱，投资的风险太大了，还是存起来比较好，您看要美元保单或投资型保单，我帮您打两份建议书，再向您说明，您想要分几年存？还是趸缴一笔？

王老闆： 哦！我还没想到那里，而且，太太觉得房地产现在价格较低，是进场的好时机。

你： 可是您没看新闻吗，专家说接下来两到三年的房市会更惨，再加上奢侈税，怎么会是好时机！

王老闆： 话是没错，不过，也还是要尊重太太的意见。

你： 其实也可以多管齐下啊！一部份做投资，一部分存起来。

王老闆： 那就不够啦！我不会动用到自己的钱，我现在讲的是继承的部份。

你： 所以还是存起来比较妥当，不然，我跟您约明天，打份建议书给您。

王老闆： 嗯！我想你打了也没用，我太太有她自己的安排。

你： 那我跟您的太太一起谈谈，看可不可以说动她。

王老闆： 应该很难，连我都说不动她，要你，更不可能。

你： 总是要见面谈一下才有机会嘛！

王老闆： 她不喜欢保险业务员，应该不会跟你谈。

你： 为什么会不喜欢，是有发生过什么不好的经验吗？

王老闆： 唉！这就不要在这儿讨论了！就这样吧！

 重点

　　如此这般的对话对你应该不陌生；一听到潜在顾客问到有关财务分配或规划时，销售人员就见猎心喜，直觉地以为是购买讯号，一股脑儿地想要「提供」解决方案——就是一下子跳到商品种类与年期、预算等细节，然而，这些线性反应却往往造成反效果，愈急于销售，愈成效

不彰!

为什么销售人员会被训练成如此这般的反应模式?纵使不是全部,大概也超过 80% 以上;销售人员混淆了推销与帮助顾客的角色,他们误认自己是在帮助顾客,因为顾客有需要;有需求,自然就要提供满足其需求的产品或解决问题的规划,听起来很顺耳,做起来却不是那么顺手!顺耳却不顺手,也让销售人员常常百思不得其解,明明顾客就是有需要,为什么提供了建议后,有那么多不知道是什么原因的问题,让顾客难以决定。

 靠脑力

王老闆: 你看,我最近户头多了一笔继承的遗产,扣掉10%的遗产税后,这笔钱要怎么运用比较好?我太太的意思是拿去买房投资,或是买股票,你觉得呢?

你: 王老闆,您为什么要让我看这笔继承的遗产呢?

王老闆: 我想问问你的意见。

你: 您夫人不是已经决定了吗?房市或股市!

王老闆: 那是她的意见!

你: 为什么?难道您有其它想法?

王老闆: 我觉得现在房市、股市变动性太大,不是很有把握!

你: 所以,您也拿不定主意要怎么处理。

王老闆: 是啊!

你: 王老闆,我帮您整理几个重点,然后,您自己再看看要怎么做比较好。

王老闆: 好啊,你说吧!

你: 第一,您是这笔遗产的法定继承人,而不是您的夫人,没错吧!

王老闆：没错。

你：因此，在法律上，您才是真正可支配这笔遗产的对象，而不是夫人，对不对！

王老闆：对。

你：第二，这笔遗产是您父母辛苦一辈子传下来的，而您是「继承」了他们努力的成果，而不是您自己创造的资产，我没说错吧！

王老闆：是啊！这么说没错。

你：先不用管夫人或您想要怎么处理这笔资产，既然这是上一辈努力的成果，那么，以慎终追远的角度来看，若是您父母在天有灵，依他们的个性，他们会想要让您将这笔钱交给夫人去买房吗？

王老闆：应该不会。

你：或是投入股市，为了追求高获利，而承担亏损风险？

王老闆：应该也不会。

你：那么存银行，迎接负利率的时代？

王老闆：喔；那更不可能！

你：保本保息、透过复利增值来累积财富、同时还有保障呢？依照老人家的习性来看？

王老闆：……嗯，你这么一分析，我突然发现，我该怎么处理这笔钱了！

你：是您「代为」处理这笔钱，因为，这是您父母留下来的，是否依据老人家的意愿与习性来处理，您也比较安心，而夫人也不会有其它不这么做的理由，毕竟您才是继承人。

王老闆：好，那你有什么建议？

 关键

对顾客表达高度的兴趣，着实为销售人员除商品专业知识外，最

重要的销售逻辑训练之始。毕竟，人是彼此互相影响的，若你对顾客没兴趣，又怎能期望顾客对你所提供的专业理财服务有兴趣呢！

然而，兴趣也必须摆对位置，对顾客哪些方面应表达兴趣，哪些方面又不可着墨，身为销售人员的你不可不察。

对顾客的行为与行动表达高度兴趣，而不只是对其说出来的话作反应，因为，语言沟通占销售内容 7% 的重要性，其它 93% 则为非语言的影响力，销售人员常常只对顾客说的话有所回应，然而，说出来的话，只占了 7% 的真实性，那其它的 93% 非语言讯息的判读却往往毫无着墨，本章的案例中，潜在顾客请销售人员「看」他继承的遗产，并问道「该如何处理这笔钱？」，同时，又表示他太太已对如何运用这笔遗产已有定见，既然已有定见，太太又是决策影响人，哪里需要再问旁人意见！既然问了，表示他的心里反应发展为至少两条路线；一是不确定太太的决定是否正确，纵使是自己的太太；二是已确定要照太太的意见去做，而向销售人员探询则只是为了宣示、或为自己的决定寻求更多肯定的声音，以证明太太或自己的真知灼见！

因此，从潜在顾客给销售人员「看」其继承遗产并询问的动作中，有 50% 的比例不是在寻求你的专业建议与分析，胡乱给建议，自然就让自己面临 50% 的风险。

若以另一半的反应来看，顾客已有定见要如何做，此时，你更不该冒然提供建议，既有定见，何有接受建议之意！既无接受建议之意，哪里会需要你的建议？因此，从头到尾，销售人员就根本不用提供任何专业的商品或规划建议，那不是重点，话虽如此，又有多少业务员会将顾客「好像」在寻求你的专业建议当成重点在处理呢！因此，提供建议，不是此案例应有的选项。

逻辑不通，自然就不会产生理想的结果，而所谓的逻辑，不过是

从人们的行为或行动当中来解读，不是单只从语言的表象来判断，因为，人们所说的，往往跟他（她）做出来的不同，刚开始人们不会「意识」到这个差距，因为人们已经不自觉地以为他所想所说的，就是他所做的。根据这廿年本人在训练及担任销售教练的实例中发现，压根儿不是那么回事！

在你尚未弄清楚并确认顾客的动机或意图之前，切忌投石忌器，乱提供「专业分析」「专业建议」，不然，系统的结构不对，反作用力就会打到你自己！

慎思明辨！

使用信用卡是动用未来的资金，会形成负债、造成风险；
做退休基金的规划，是未来储蓄的资金，会形成资产(还不扣税)，造就富足。

30

当顾客选择同业、却不选择你时

100 %

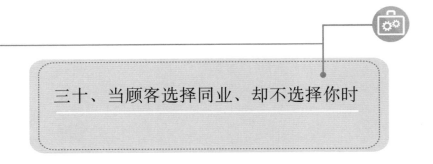

三十、当顾客选择同业、却不选择你时

「顾客有选择跟谁投保或做财务规划的权利」，话是没错，那是指顾客选择你为他（她）规划的情境；反过来讲，当顾客选择跟你的同业做规划，更气人的是，还是在听完你的专业分析与建议之后，要再说出「顾客有选择跟谁投保或做财务规划的权利」这般豁达的话，恐怕很难。心里真不是滋味儿！

生气不如争气，争气不是指去找同业理论，怎么「抢」走你的客户，更不是到顾客面前争个先来后到，这些直线性的反应对你的销售不但没有帮助，反而有害！

真的发生这种情况，你是可以讲顾客有权选择跟谁规划这种安慰自己的鬼话，好平复受伤又恼怒的心情，给自己一个台阶下；那，你也要保证以后不会再发生类似情况，不然，你安慰自己一百次也不会有用。重点是，不要讲你，销售状况瞬息万变，任谁也无法保证这事儿不会接连发生；明明是你的专业分析与建议，怎么就给同行捡了个便宜，把 case 给中途拦截，真所谓欲哭无泪、义愤填膺、无以复加！

气的不是专业知识比人差，表达力比同业烂；而是刚好相反，你的专业知识比人强，分析与建议能力一流，然后顾客拿着「你的建议」，叫同行，帮他（她）做同样的规划；专业知识不如人也就认了，可偏偏不是，这让人情何以堪！

部份销售人员遇此情形，甚至愤而去质问顾客，为何如此对待他

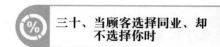

（她）？！「是我哪里没做对吗？」「我哪里没说明清楚？」「是我的专业不足吗？」「不然怎么可能是您去跟同行做此规划呢？」「不是我先跟您接触、提供建议的吗？！」

虽说要争气，那一口气也要摆对位置，「赢得雄辩，失去订单」的状况，似乎亦层出不穷，所以，不要误解「争气」二字！

靠脚力

王老闆： 你上次跟我说，那笔钱放在投资型的保单，没有做投资，提醒我可以转做基金规划，我请之前帮我服务很久的业务帮我做了，因为我答应他，帮他做业绩。

你： 什么！您让对方帮您做，王老闆，怎么会这样，总要有个先来后到吧！

王老闆： 我也知道，他说他缺业绩，请我帮忙，我也没办法！

你： 王老闆，那我也很缺业绩啊，您怎么不帮我的忙！

王老闆： 他也服务很久了，我们家的保单百分之八十都是跟他买的，而且他人也不错，服务也很好，不帮也不好意思！

你： 我也很专业，不然，您怎么会拿我给您的建议让同行去做一份一模一样的规划内容呢！

王老闆： 没办法，做都已经做了，还能怎么办！

你： 您是昨天签的约，有10天的契撤期，您可以先请他办契撤，再让我帮您做。

王老闆： 不好吧！做了就做了，不要这样麻烦，没关系，下次还有机会。

你： 哦，我知道了。

🔊 **重点**

1. 销售的重点，不在说明，而在如何让顾客要：

反过来说，顾客没有要之前，什么都不要说；销售人员一开始说明与分析，说明完毕，再面临 80% 的顾客说不要的理由，然后，再去解决不要的理由，而愈解决，问题就愈多。

2. 销售人员太专注在「展现」自己的专业知识，却忽略了顾客的潜意识讯号（非语言讯息）的判读：

这就是一般「目标导向」的后遗症——不在乎对方呈现出什么，只在乎自己的目标要如何达成，是有所谓的「机率空隙」让目标导向的人达成目标，然而，大数法则不讲究「精准」，既不精准，当然就是从大量不精准的行动中「乱石打鸟」，看哪只笨鸟飞过来「撞到」石头，就是牠了！「机率空隙」是存在的，然而，想想每期乐透的中奖机率，你就会懂，现代销售，讲究精准，而非今非昔比的「量大人潇洒」「有人有业绩，有树有鸟栖」这种似是而非、误导销售人员的论调！

3. 商品专业知识 100 分，对「人」的专业几分：

商品专业是销售人员的基石，销售人员的本质学能，本身从业即必须具备，然而商品专业知识并不囊括对「人」的专业，因此，一堆销售人员「战死沙场」，不是因为商品专业知识的不足，而是缺乏对「人」的专业；因此，对「人」的专业知识具备与否，当然会直接影响到成交的命中率与持续性，甚至连吸引或开发潜在顾客的条件都有影响。因为，你销售开发的顾客是「人」，主管增员的对象，也是「人」，领导人内部领导统御的事业伙伴，还是人；所以，销售人员搞不定的，往往不是商品、价格与增员计划，而是，搞不定「人」。换句话说，把「人」搞定，所有 case 就都搞定了！

靠脑力

王老闆： 你上次跟我说，那笔钱放在投资型的保单，没有做投资，提醒我可以转做基金规划，我请之前帮我服务很久的业务帮我做了，因为我答应他，帮他做业绩。

你： 很感谢您接受我的建议，把钱做更有效的处理。然而，我很好奇，您为什么要接受我的建议呢？

王老闆： 因为投资会有风险，摆着又没利息。

你： 我了解，我的意思是说，您、为什么、要接受我的建议呢？

王老闆： 因为相信你，你的服务很好，也很专业！

你： 哦！那，照我的专业建议帮您规划的同业，除了他服务您很久之外，有没有像我一样，正确的为您诊断与建议如何处理部份您的钱？

还是，你们只是有多年的交情，然而，这一次，却没发挥什么专业诊断与建议的功能，您把他变成一个购买平台，而您只是个下单，同时，给他做个人情的人！

王老闆： 嗯，就像你讲的，他就是一个购买平台。

你： 依您的判断，当您要让自己的资产倍增时，您身边围绕着像您朋友的业务员愈多、对您愈有帮助；还是，像我一样，能正确的为您诊断与建议的顾问、帮您看准方向比较好，1、还是2？！

王老闆： 2！

你： 我相信您这么在乎自己的钱，只要有对能增加资产的规划建议，依您的现实实况，再加上我的专业诊断与建议，您不会只有原来的规划计划而已，没错吧！

王老闆： 是的！

你： 现代人不存钱的很少，您不也是吗？！

王老闆： 是啊。

你： 您是否在接受我的专业建议时，也愿意把部份资产交给我来帮您规划呢？！

王老闆： 是可以，只是已经答应他了，对他不好意思。

你： 我指的不是您已经交给他做的；您在银行有固定存款吧！我还没碰过没有的人。

王老闆： 当然有。

你： 定存接近负利率，与年复利 2.25% 相比，有没有差别？

王老闆： 有差，差很多。

你： 爱因斯坦曾说，时间 X 复利，效益大于原子弹，您猜，关键词是时间，还是复利？

王老闆： 时间。

你： 五百万台币存银行 10 年，跟存年复利账户十年，差别，大不大？

王老闆： 应该蛮大的。

你： 那您现在存哪儿？

王老闆： 大部分放银行。

你： 那，您要放哪儿，在接下来的十年？

王老闆： 当然放你建议的。

你： 那，就让我们用最简单方式，做好您要的吧！

王老闆： OK ！

 关 键

1. 不要咒骂你的同行或竞争对手，特别是，把你顾客抢走的同业！

2. 事情发生时，要能平心静气地「看」出系统结构，分辨出何为症状，

何为杠杆，朝杠杆前进，而不处理症状。

3. 杠杆是人，症状是事或问题，问题或事情皆因人而起，一般人都说解决问题、处理事情，他们讲的是，他们去处理症状，而不处理人，即所谓的杠杆；人们误以为单纯去处理问题或事情本身，问题消失就没事儿，事实上，却忽略了「人」的本质未变，遇到类似状况，则问题或事情则又会反复出现，蛮可怕的恶性循环！

4. 销售的重点往往不在于你要跟顾客说些什么，仔细观察顾客的语言内容与其遣词用字、语气、语调与眼神、面部表情或身体姿势所不自觉透露出来的讯息，虽然这些辨识「人」的语言及非语言讯号如此必要，却不存在于你的公司或所处业务团队的训练中，除非你能发现对「人」的专业是如何影响你销售的成效，而能将你的商品专业扩充至对人的专业；刻意的去学习，你才能真正体会，突破现有的绩效人力三～十倍不是一句口号，而是事实！

你找到销售突破的「阻力最小之路」了吗？

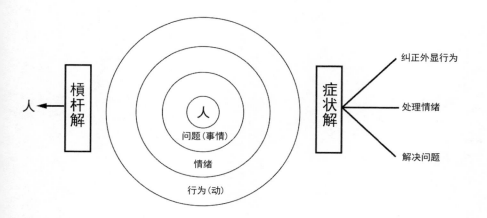

31 顾客说了算，还是你说了算

100 %

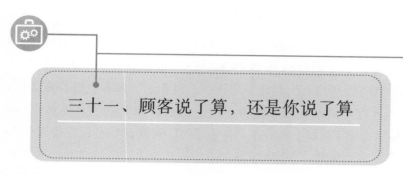

三十一、顾客说了算，还是你说了算

大部分销售人员，为了达到销售责任额或目标，对潜在顾客几乎百依百顺，甚至到了卑躬屈膝的地步，就好像我曾说过的一句英语「Treat me like a Dog, and I will treat you like God」待我如犬，我将侍你如上帝！奴性展露无遗，活像个丫鬟和长工。

也有人喜欢与潜在顾客「装熟」，目的当然是想要尽快打开话匣子，干嘛呢？好快点进到销售主题，「装熟」则为业务员伪装销售的必要手段，不过，过度的热情也往往更易引起人们的防卫，尤其是现代人，诈骗太多，人与人之间的单纯信任与对彼此的好奇探询，似乎都被披上「你想做什么」的疑虑，不知拿捏轻重，常常更易引起潜在顾客的防卫状态，而且，愈有钱的顾客，愈不易卸下心防，为什么？他们怕这类「装熟」的人对他们有什么企图，「想卖我什么东西吗？干嘛跟我扯这些！」

还有一种喜欢「自抬身价」的销售人员，至少除了本业外，他们还会在自我介绍时，拿出某某社团的某理监事长头衔的名片，而绝不将其「本业」的名片轻易示人。这动作够明显了吧！这类销售人员通常都已有较资深的销售年资，觉得跟社会较「上层」的人打交道，自然能结识较高资产的潜在顾客，所以，他们就像「潜伏」在这些社团的销售人员，藉由参与社团的慈善或公益活动，亦或组织内的活动的投入与付出，换取一枚「理监事」「总干事」「会长」「副会长」的头衔，以与高资产的社员有平起平坐的机会，当然，这还是一种积极开发潜在顾客的表现！

身为销售人员，一方面希望顾客尊重专业；一切听你的专业分析与建议，你也朝学习并打造自己是自我领域的专家前进；而顾客，则认为销售人员应该「完全」听他们的，毕竟，花钱或投资的人是顾客自己；我常听到广告业的人抱怨与发出无奈，说业主（顾客）既花钱请他们做广告，过程与结果又改来改去，改到最后，原本的创意就被扭曲变形了，甚至有更「可恶」的业主，将 A 家的广告创意与企划交给 B 家执行，只付了 A 家比稿费，无奈！

寿险金融业更是乱象百出，如上一章「当顾客选择同业，却不选择你时」的案例一般。

所以，销售人员要顾客听「专业的」，顾客要「专业的」听他们的，那，到底谁要听谁的？

 ## 靠脚力

你：王老闆，之前帮您检视公司的劳务契约时，您说要顺便以两位儿子为被保险人，每张保单规划 50 万，也签好约了，现在怎么又反悔了呢？

王老闆：我后来仔细算过现金流，发现只能先规划一张，另一张要等到收到货款才能再做，你也知道，我们是做小生意的，厂商业主收到货，开 3 个月的票，已经是算正常，还有开半年票的，我们又不能催，都是老客户，大家互相，也都有一定的默契。

你：所以只能先做一张啰！

王老闆：不然呢！也只能这样。

你：可是我们昨天已经签约了。

王老闆：就只能跟你说抱歉，另一张要等收到货款才能再做，但是，什么时候收到我也不能确定。

你：这样不就耽误到了吗？

王老闆：是啊；我也很想赶快收到货款，没办法，只能等。

你：好吧，那也只能这样了，等收到货款时，您再通知我，我们再做另
　　一份。

王老闆：我会找你，你放心。

你：要记得哦！

 重点

　　只要你还在市场上运作，面对各式各样、形形色色、性格与环境
迥异的潜在顾客或顾客，自然会遭遇各种琳琅满目、大异其趣的现实困
境，阻挠你或顾客原先的计划，说好的顾客又反悔了、签了约临收钱
时，又出现了不可预期的人、事、物，干扰了进行中的交易；有时，真
应了句俗话：计划赶不上变化，而变化，往往赶不上顾客的一句话！

　　这些形形色色的不可控因素，在系统思考当中有个专业名词，叫
「动态性复杂」。要了解它，就得从相对性的「可控因子」谈起，这是
两项影响销售结果甚巨的关键力量，清楚辨识这两项因子，你才能确保
努力行动的结果，并能降低失败的风险！

影响销售成效的二项关键

什么是可控因子？在销售的整体结
构里，传统的销售训练并未明确地区分
这两项因素，导致有不少销售人员「瞎子
摸象」似地从事销售，从销售人员层出不
穷的问题即可见端倪；这也造成业务主管
「针对问题」去「解决问题」，完全百分
之百的朝短暂利益，却造成长期伤害的症
状解前进，或者是抱持着「等问题发生再
说」的被动心态。

因此，清楚分辨什么是销售时的可控因子，什么又是不可控的，你才能大幅提升每件 case 的成交命中率。

在威力行销研习会，学员的初阶训练一分为二：其一，**是销售流程的精准化**；其二，**是销售策略的变化**。

依照系统思考（又称系统动力学）的架构来看，销售流程的精准化指得就是：找出所有影响销售成果的可控因子、排定优先级、找出行动与行动之间的因果关系，更重要的是，既然谓之可控因子，那就必须设计出能将每个行动串连的可视化工具，而此工具能确保销售人员、主管于执行销售任务时，「精准」的完成交易；这里所指的精准化不是标准化，精准不是标准，销售面对的是形形色色的潜在顾客，顾客是人，只要是人，就会有差异，既有差异，何有标准可言！

因此，精准销售流程就包含了三项有因果关系的可控因子：

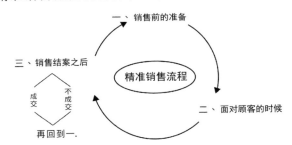

以 20% ～ 80% 定律来区分，你总是会成交你开发顾客的 20%，主管的增员成效也跑不出这 2—8 定律；因此，销售前的准备，大约占你 20% 的时间，面对顾客的时候，你要花 80% 的时间去建立关系、分析与说服顾客购买，这是你现有的绩效、收入与命中率的结构。

让我们将比例颠倒，看看你会有何发现：销售前的准备，成交精准度先达到 80%，好让你在面对顾客那一块，用不到 20% 的时间就成交，要是你，你要选择哪一个？当你选择颠倒后的精准化成果，那表示，你得重新调整整个销售流程。

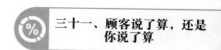

你：王老闆，之前帮您检视公司的劳务契约时，您说要顺便以两位儿子为被保险人，每张保单规划 50 万，也签好约了，现在怎么又反悔了呢？

王老闆：我后来仔细算过现金流，发现只能先规划一张，另一张要等到收到货款才能再做，你也知道，我们是做小生意的，厂商业主收到货，开 3 个月的票，已经是算正常，还有开半年票的，我们又不能催，都是老客户，大家互相，也都有一定的默契。

你：王老闆，我很少见到像您这么疼爱孩子的爸爸。您之前说要帮两位公子做规划，各做年缴 50 万，刚好在免赠与税的范围内，没错吧

王老闆：是啊！

你：后来说要等另一笔货款收到才能做，对不对？！

王老闆：对！

你：您当初为什么要帮两位公子做这份规划呢？

王老闆：第一个是免赠与税，第二个是可先当我们的退休金，然后等我们哪天走了可留给小孩，你讲得很清楚。

你：既然如此，若那家厂商迟迟不付款，难道王老闆你们就不退休了吗！

王老闆：还是要退休啊！年纪大了，要做也没办法。

你：他准不准时付款，您的意思是，年纪大了，还是要面临到退休跟资产传承的现实实况，是吗！

王老闆：没错！

你：哦，既然如此，您会让这厂商的货款影响您的退休与资产传承的大计吗？

王老闆：嗯，应该不会。

你：王老闆，您现在终于知道该怎么做，对您的退休与资产传承规划，
　　才是最有帮助的了吧！

王老闆：好吧！那就维持原计划，两张一起做规划。

关键

　　销售流程当中，最不易掌控的，是「人」，也就是面对顾客的时候；因此，初阶训练里，把销售时「面对顾客」这一块列为销售策略，而策略则因人而异，这是系统结构中所谓的「动态性复杂」最明显的一块，却也是销售人员最没注意到的。因此，销售流程先讲求精准化（可控因子），销售策略再求变化（动态性复杂），就成为新一代销售人员与领导人必须学习建立的系统，而不再只是传统的「推销话术满天飞，人情压力躲不掉，保单多到缴不完，无奈还要再一回」

销售流程精准化

策略求变化

　　动态性复杂是不可控因子的代名词，「动态」是指非线性或固定的要素，也没有标准的问题，更不会有标准的答案。人的情绪起伏与连动的心理状态即属于此；你可以走同一条路回家，而你却无法预期同一

条路上何时有车祸，导致你延迟回家的路。这一条回家的道路是已知，而路上的状况则是未知；路况如此，更别谈善变的人心了！

话虽如此，这世上仍有许多人类行为学家、社会行为学家、未来趋势研究者、脑神经专家与医生，还有心理学家、催眠治疗师……等等由不同专业科别去钻研并建立学说与模型，试图解开人类这奇妙生物的思考、反应、疾病、情绪、心理、行为、语言等的神秘面纱，基因工程更是似乎接近了那一步，然而，对于人的意识与行为，却仍然是莫衷一是，各自表述！

这也是策略会千变万化的原因之一，策略不是推销话术，也不是背个脚本就可「解决」所有「问题」，而你针对一百个问题，去准备一百个答案，以应付面对顾客时的各种状况，则更是可笑至极。虽说策略因「人」而异，为一不可控因子，然而，就现有的人类行为与语言、情绪之间的观察，倒是有可供整合与运用的突破性发展，掌握到这些发展，自然会降低不可控性，相对的，也就提升了可控性。而在销售时，你对顾客的掌握性愈高，成交比例就愈高，因此，你的成交比例与你对顾客的掌控性成正比！

所以，到底是顾客说了算，还是，你说了算！

我这身衣服~
连意大利知名设计师
Sit down please
看了都会甘拜下风!!

天哪！妳真是艳光四射，特别是妳将保单当衣服，
上面还有储蓄险、防癌险当装饰的时候。

32

为什么顾客的动机，是解救
销售障碍的良方

100%

三十二、为什么顾客的动机，是解救销售障碍的良方

先不谈销售人员在销售时会遭遇到的障碍，咱们先看看从顾客面而言，他们面对销售人员、销售情境时，会有哪些行动、决策、或购买障碍：

一般而言，顾客的购买障碍来自于以下二项：

1. 虚拟障碍：障碍来自于想象、担心、他人口耳相传、部份媒体偏颇报导、未经查证的小道消息、身边周遭的人的负面想象与干扰。

2. 现实障碍：障碍来自于现实实况、自己或亲朋好友曾发生过的经验、家人不支持、购买力不足、突发状况影响购买意愿或购买能力（可动用的资金）……不一而足！

传统的推销术并不将顾客的购买障碍做明确的区分，取而代之的，是一律「一视同仁」地去尝试解决障碍或说服顾客，当然有些障碍是真

实存在，有些则是虚拟实况，人们假设或担心这些问题是会影响他们的购买决策。不过，要提升成交命中率与顾客对销售顾问的专业信任感，除了传统的一股脑儿地想去解决每项购买障碍，不如先分清辨识「障碍」本身的属性，到底这障碍是真值得去面对、亦或根本不值一提。

一般而言，销售顾问得先学习克制「解决障碍」的冲动与直觉反应，通常是业务员脱口而出，「太快反应到来不及反应」，这容易制造出一种与顾客对立的情境；因此，克制解决问题的冲动与线性反应是第一步；再者，销售人员应学会对顾客做「生态检查」，看看购买障碍是真实存在还是只是担心的假象；分辨问题真伪并非是让你去解决问题，而是在生态检查的过程中，人们（顾客）会自动地被启发，他（她）的意识会自动运作，这是启动顾客大脑理智的板机，因为「分辨」这二字，本质上就是明辨是非与真假，那是人们「表意识」主掌的功能，只要是脑袋正常的人都会有的机制，销售人员的专长，现在或未来，很可能不只是要扮演一个推销产品或服务者，而是要升级到一个「启发者」的角色，为什么？原因显而易见，传统推销的命中率不超过 20% 的柏拉图法则与事实、以及销售历史呈现在你我眼前，只是大部份的销售领导人、销售人员宁愿选择不去正视，他们活在自己吹的泡泡中，深怕一有人戳破，外面的空气会令他们窒息，眼不见为净。

销售本质上的更迭，来自于过往超过半世纪，消费者或顾客们在面对销售人员时，被推销、或是被说服购买的一致性手法，促使人们开始对这些个推销手法「免疫」，网络经济则更加剧了这中间的变化速度，你愿意或不愿意面对这变化，变化本身并不会为你停下或放慢脚步，相反的，随着消费群与顾客们的「主控性」增加，你最好也能学习跑在他们前面，而非在其身影后乱追，最后，你才发现，你追得是自己不知变通的影子，那真是人生一大惨事！

靠脚力

王老闆： 其实你不用介绍什么资产保全的规划，我都很清楚！节税问题都由一位国税局退休人员帮我处理好，节税这部份不用保险也可以做。

你： 哦！那他一定很专业。

王老闆： 是啊！他待过国税局做到退休，怎么会不清楚，当然专业嘛！

你： 说的也是，王老闆，您是否也能给我一个机会来为您提供理财或保险的服务？我也有很多像您一样的大老闆客户，而他们虽然都有会计师或财务长，但是还是会跟我买保险。

王老闆： 我看是不需要，已经有这位国税局退休的专家帮我就够了，还是谢谢你；目前我不需要你的服务。

你： 其实，我也拥有「理财规划师」的证照，也算是顾客理财的专家，您何妨给我个机会，试试看，应该我的专业知识也不比人差。

王老闆： 我相信你的专业，只是我目前用不到，抱歉！等有需要再说吧！

你： 王老闆，风险是既不挑人、也不挑时间的，预先做好风险转移，不是很好吗？！

王老闆： 我都做好了，还是谢谢你，就这样吧！

重点

这顾客有购买障碍吗？如果有，你是否能分辨是现实或是虚拟？是真实存在、亦或不值一提？还有，你现在能否体会，「态度积极」地想要说服顾客或打人情牌，并不是一个好主意！无论是尝试着要解决问

题、说服顾客，系统的作用力绝不会只是表现在单一的层面上，你还得看看「态度积极」所引发的反作用力是什么？以及，这作用力是不是皆大欢喜的销售结果。

销售人员常无法克制「解决问题」的冲动，这股冲动乃源自于一股自我保护、防御的本质——每当你觉得或发觉即将被攻击，不论攻击是语言上的、或肢体上的，你的防卫机制就立刻被启动，采取反制，你是人，而顾客也是人，你采取反制，自然对顾客而言，那就是一种攻击，既是攻击，你猜，顾客会如何？

闪躲与反反制！可笑的是，传统推销术将此一来一往的过程给业务员冠上一个「态度积极」、「不放弃」、「坚持」的美誉，什么意思呢？他们鼓励这种攻击←→防御的结构，其反作用力呈现在顾客或消费者下意识地闪躲销售人员的接触，问话、问卷、DM、甚至赠品、人情等推销手法，换句话说，他们被这些推销手法给「惹毛了」；倒霉的是被蒙在鼓里的销售人员，生意愈来愈难做！

那，有没有人生意愈来愈好做的呢？

 靠脑力

王老闆：其实你不用介绍什么资产保全的规划，我都很清楚！节税问题都由一位国税局退休人员帮我处理好，节税这部份不用保险也可以做。

你：他不收取您的佣金喔？

王老闆：为什么这么问？

你：当他收取佣金，代表他跟我是同业，有利益冲突，自然不会让您接受我的建议。

王老闆：嗯！

你： 当他未收取佣金，代表他不用对给您的建议负责，既然不用负责，
他站在曾是国税局公务员的职务，不会支持您用保险做任何避税
的规划；如果支持，就有违他曾身为国税局公务员的身分与专业。

因此，您要问您自己两件事：

王老闆： 哪二件事？

你： 1. 有没有任何一个国税局的公务员参与制定任何一家保险公司的
保险法规？

王老闆： 嗯……我想应该没有。

你： 2. 有没有任何一位像您一样的老闆，这么会赚钱，却只有一个水
龙头蓄水，而会错失有第二个能帮您蓄水的水龙头的！

王老闆： 怎么可能会让这种事情发生！

你： 因此，不论他有无领取佣金，您既然接受他能帮您蓄水，又怎么会
反对多一个水龙头帮您蓄水，您说，是吗！

王老闆： 是啊！

你： 我，就是您第二个水龙头，您现在能将水桶盖打开了吗？

王老闆： 已经开了，你说吧！

 关 键

　　身为销售人员，你带顾客走的每一条路，都必须是超出他（她）
原有习惯或期待的道路，而非是对方已知、熟悉的路径；**「出发点」相
对于「终点」；出发点，指顾客原有行为的动机为何；终点，指顾客当
初采取这项行动的目的地是哪里**；弄清楚出发点与终点，你才握有创造
奇迹、起死回生的两把钥匙。跟着顾客的问题乱跑，叫「瞎搅和」，干
嘛在粪坑里兴风作浪呢？

　　当代催眠治疗师 Milton H. Erickson 曾将人的意识分成三项构成

要素：

一、语言　　二、情绪　　三、行为

根据笔者的研究与系统思考（系统动力学）——彼得·圣吉：第五项修练（台湾天下文化出版）的对照，发现其中一项最主要的判读因子，即人的行为。人的外显行为是透露出表意识与潜意识最佳观察、介入治疗的施力点，然而，行为只是「当下」人们对环境与自我意识下的反应，形诸于外的行动，是一时的，不完全足以做为判读与行为治疗的施力点。透过系统结构，将「时间轴」拉长来看，则「行为」这项因子则将透露出此人的行为动机，而每个「行为动机」皆有一个「出发点」，也就是「为什么」的源头。回溯并掌握了这个源头，你也才握有杠杆解的第一把钥匙，有时，连当事人都会很惊讶，其构成外显行为的原始动机是如此这般，自己也很少会意识到行为的成因，不单是行为的本身与环境互动的结果，系统思考让我们追溯到行为或行动的成因通常是行之于内，而不只是彰显于外！

是啊！既然一直以来，顾客都接受国税局退休人员给他「节税」规划的建议，他的外显行为不就是「接受」有利于他的资产保全规划吗！既然一直以来都接受有利于资产保全的规划建议，又有啥理由去反对其它的理财建议？不论这建议是增加或是保全资产；他的「动机」→「已透过行为呈现，而你是否能敏锐地观察出，人们的行为与所回溯的动机之间其因果关系，以做为启发顾客的资源。」

（一）「动机」——保全资产
　　　「行为」——接受国税局退休人员建议
（二）「动机」——增加或保全资产
　　　「行为」——不反对增加或保全资产的行为，既然不反对，不就是赞成！
（三）　若反对（二），怎么会有（一）？

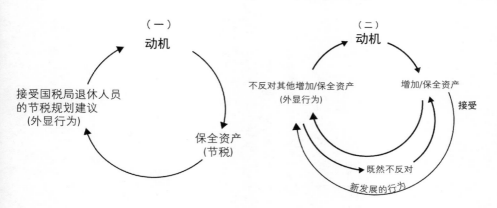

（一）
动机

接受国税局退休人员
的节税规划建议
（外显行为）

保全资产
（节税）

（二）
动机

不反对其他增加/保全资产
（外显行为）

增加/保全资产

接受

既然不反对

新发展的行为

你有没有发现，顾客的行为起始于动机，动机影响了外显行为，光去纠正人们的外显行为、或对外显行为作出反应，不但徒劳无功、缘木求鱼，浪费时间与机会成本，更有甚之，还会引发顾客「自我防卫」机制，得不偿失，你的主管、你的公司教育训练脚本、你自己的线性反应，以及传统的推销术，都把你带到这样的漩涡里，为什么你要待在那样的漩涡里呢？「大家都是这样学、这样教、这样做的」！他们是对的，「大家」都这么学、这么做、这是主流，然而，你一定要注意，这里的「大家」，不包含你的顾客，当然，更不包含系统化的结构，当「主流」都去处理外显行为时，系统结构的力量会将你和顾客带到一个不利于销售的情境，你或许会发现，真正的「杠杆」，在于四两拨千金的借力使力——亦即人们的动机！

所以，谁说，顾客的动机，不是解救销售障碍的良方呢！

你脑袋的盖子，不知打开了没有！

33

为什么综观全局的整合力，会
是你突破的关键？

100%

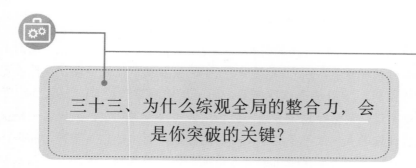

三十三、为什么综观全局的整合力，会
是你突破的关键？

构成销售，基本上有三项要素：

1. 产品（Product）

2. 行销或销售计划（Plan）

3. 人（People）

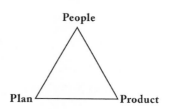

　　这三个 P 是组成销售的必要架构，哪一项是最重要的呢？

　　如果你说「产品」是最重要的，那么，接下来你要问的是，产品为谁而设计？谁会拥有或使用这项产品？以及，谁负责销售这项产品，才能让顾客享受产品为其带来的好处？

　　如果你说，「销售计划」最重要，那么接下来你要问的是：销售计划是为谁设计规划的？谁去负责设计或执行这项计划？谁将在此计划中获益？

　　你会发现，这里的「谁」，指得都是「人」，包含了顾客、销售人员、制造或研发商品者、执行销售计划的人，因此，没有「人」这项要素，另二项要素将毫无存在的必要。

　　既然「人」这项要素如此举足轻重，为什么还是有所谓的行销专家、公关与企业经营者会说：商品决定一切！也有行销专家说：通路决定一切；通路，是销售计划的一部份；少有这些个专家会说：人——顾

客、销售人员、产品设计者决定一切。

事实上，既然「构成」销售，有这三项必要架构，何妨，我们不用去探讨孰轻孰重，因为，这三项当中，只要缺了任何一项，自然就无法构成销售，学习从整体性来看，而不从切割零散的单一元素为出发点。祇不过，销售计划大多清一色皆由公司决策者制定，销售人员是执行销售计划的人，改不了这不动如山的计划，而这计划（晋升、佣金比例、奖励措施……）也吸引销售人员加入执行的行列，因此，不在本书讨论之列。

产品或服务也一样，不是销售人员去研发、设计，而是由产品研发、设计者所努力的成果，销售人员喜欢、也被此产品吸引，热爱自家商品，并进而加入销售推广的行列，故产品本身，亦不在本书可探讨范围之列。

那么，之于销售，我们要探讨与研究的课题，就是「人」了！这也是自 1997 年创办威力行销研习会以来，笔者迄今都未松懈的研究科目，要将对「人」的专业知识系统结构化，说老实话，还真是一项大工程，更遑论要将研究的发现运用在训练商业人士如何更有效的销售实务上，同时要确保执行绩效的突破、销售周期的缩短。

 靠脚力

王老闆：之前你帮我做的实支实付的医疗险已经核保了，至于你现在谈的美元保单、六年期、年缴 25 万，我觉得还不错；不过，你也知道，我不太管这些，所有的投资、保险，都是我太太在处理，要经过她认同，你清楚吧！

你：王老闆，我知道您的规划都是由您夫人出面处理，趁着今天送保单

来，那我就跟夫人说明一下。

王夫人： 很谢谢你，我之前已经有帮先生投资或是放在银行的钱，哪天如果要用钱或需要周转，就很方便也很够用，所以，目前是不需要。

你： 其实，多开一个美元账户也不错，就资产配置的角度来看，也没什么不好，而且，对您跟王董来说，也不会有太大的负担。

王夫人： 是不会有什么负担，不过，之前做的已经足够，我已经把未来跟风险都做好了安排，实支实付医疗险不也跟你投保了吗；实在没什么必要再多做。

你： 不然少做一点，一年 15 万怎么样？

王夫人： 这不是 25 万或 15 万的问题，是没有必要！

你： 可是王董不是也觉得这张不错。

王夫人： 他不是很清楚这些，通常都是我在帮他决定，他负责签名就好。

你： 现在的时机做美元保单真的很划算，夫人要不要再考虑一下。

王夫人： 谢谢你，还是不用了。

如意算盘人人会打！利用送保单的时机「顺便」再打一份 6 年期美元保单，年缴 25 万，显示销售人员积极的态度，表现在把握机会顺势推销，而他也表现出业务员对自家商品的信心，顾客的购买力亦无庸置疑，做购买决定的人与决策影响人都在现场；看来，似乎是一促即成的 case，那，为什么结果却大相径庭？

增加对此顾客的拜访量，会不会他们就回心转意？

送点礼物或请他们吃顿饭如何？

如果实在想不出办法，就使出杀手锏说这次晋升主管，就差一件，拜托顾客给个机会，帮帮忙！

实在还不行，就退佣金吧。

这不叫如意算盘，这叫「自毁前程」！

「目标导向」这个成功学的名词，已成为潜能激发或心灵成长训练的滥觞，一昧强调个人的目标要完成多少业绩或收入目标，业务主管在追求业务员人力成长的目标——一年内要达到多少人力、又要培养分出多少子团队，其实都无可厚非；那么，问题到底出在什么地方？难道，除了业务主管、销售人员个人的目标外，顾客或被增员者的目标就不重要了吗？！

目标导向

目标一分为二，而非朝两边的极端，若销售时只顾销售人员的业绩目标是否达成，则容易形成「卖——买」的压力循环；即卖方有业绩压力，而急于促成交易，导致买方形成并感受被强迫或被说服的压力感！

若只朝顾客的目标运行，则易形成买方任意杀价、要求销售人员提供赠品、退佣金等不利于销售人员交易时的利益耗损，站在买方的立场，价格上的优惠往往是很难抗拒的诱惑。销售人员也许为了达成「业绩目标」与「责任额」，答应了这笔交易，则失去的，不单是该有的利润，更会造成顾客端对于销售人员的专业形象大打折扣，或者说：根本毫无专业可言！可怕的不只于此，当这样允取允求的顾客「口耳相传」，

你就真的毁了!

所以，才会有「完成交易的是徒弟，保有利润的才是师父」这般描述!

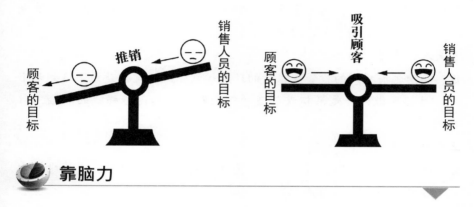

靠脑力

王老闆：之前你帮我做的实支实付的医疗险已经核保了，至于你现在谈的美元保单、六年期、年缴一百万，我觉得还不错；不过，你也知道，我不太管这些，所有的投资、保险，都是我太太在处理，要经过她认同，你清楚吧!

你：王老闆，我知道您的规划都是由您夫人出面处理，趁着今天送保单来，那我就跟夫人说明一下。

王夫人：很谢谢你，我之前已经有帮先生投资或是放在银行的钱，哪天如果要用钱或需要周转，就很方便也很够用，所以，目前是不需要。

你：王夫人，我了解您的意思，您的意思是说，原来就已经帮王董做好理财与保险的规划，以后的钱也都准备好，不用再多花钱买什么了，是吗?

王夫人：是啊!

你：很好，一方面王董事业这么成功，一方面又有您帮他把关，做好各

项风险控管，真不简单！哦，对了，我想请教一下夫人，这次的医疗保障的规划，是不是为了转移风险而做？

王夫人：是啊。

你：转移风险，不就是为了万一风险发生时，由保险公司承担，不造成你们财务上的负担，没错吧！

王夫人：没错。

你：而您之前提到的投资或银行的理财规划，是不是也是为了达到两个目标而做：一是累积或创造额外的收入，二是转移钱的风险，对不对？！

王夫人：对！

你：既然如此，我所提供给您及王董的规划，您看了之后，是否也是为了达到这二个目标而做？

王夫人：应该是。

你：那，这六年期的美元保单，最后的结果，是1.让您花钱、还是2.为了省钱、同时还能拥有复利增值的效果而做的？

王夫人：当然是2！

你：如果您赞成1.透过保险来转移人身与钱的风险；2.透过短年期复利增值的美元保单规划来累积额外的收入，那，不是符合您既省钱、（因为您不想多花钱）、又可能多创造额外收入的期望值；这，不就是您一直以来都在做的吗！

王夫人：也对，是没错！

你：既然如此，夫人，依您敏锐的眼光，您觉得，什么时候、开始累积复利增值的效果比较好？是愈早愈好、还是、愈晚愈好？

王夫人：当然早点比较好！

你：那，我们何不现在就完成您要的规划、启动您要的理财功能呢！

王夫人：好吧！要签些什么！

关 键

　　整合力，是现代任何一位顶尖或伟大的业务人员必须学习具备的能力。传统的告知、说明与说服（构成传统推销话术的三要素），早已不适用于现代网络信息如此发达的今天。顾客或消费者现在不是「缺乏」购买或财务规划的依据，现在，是选择太多，如何过滤、筛选的问题。现在的顾客被推销的频率与次数比起十五年前高了好几倍，他们都被业务员给「训练」的知道怎么去「防堵」「闪躲」销售人员推销的辞令与手法，再加上市场同业竞争者只会多不会少，除了靠人脉缘故去推销或增员，你还剩什么？记住，专业证照，只是取得销售资格的入场卷，跟你如何持续突破绩效、收入与人力只有间接关系，没有直接关系！

　　如何学习培养整合力？

　　如图所示：整合力的培养，来自于二项能力的整合，一是「综观全局」，二是「看清本质」！

　　为什么这二项能力如此重要？具备这两项能力的商业人士或销售人员少之又少；大部份原因，是公司或业务主管想要业务员每天都有业绩，考过证照入行后，公司内部的基本训练要销售人员「听话照做」，这意思，就是不用动「脑袋」去「思考」怎么做好销售，只要去「执行」

推销的动作，执行多了、自然会累积经验，实战经验最重要，所以，「盲动」的业务员多如过江之鲫，只强调「行动力」的后果，就会形成业务员大量流失，在入行的一到二年内。

因此，整合力是学习「有效行动」的开始；而「有效的行动，比只是行动，要重要一百倍」！

综观全局，自然是不被繁杂的细节羁绊，陷入因销售流程不精准、策略不奏效、与随之引起顾客不同抗拒理由的迷雾中，不仅失去了方向，还易产生更多不确定性！

要不被繁琐枝微末节给带偏离有利于顾客利益的航道，不只是你先画好有利于顾客决策的轨道，更要让顾客自愿上这个轨道；同时，事先让他（她）看清楚整条轨道会将他（她）带往何方，中间经过任何的花花草草，都不足以使其停下这班列车；如果你不能、也不懂得你销售时的「终极目标」是什么，你很可能会因为任何的一点小事件、问题，就停在那里，而延迟了帮助顾客得其所欲的时间，甚至，该帮却没帮！

谈到王夫人过去帮王董做任何保险、理财或投资的「本质」是什么？

1. 保障——人的风险

2. 理财——钱的风险

3. 投资——创造额外收入

分散人与钱的风险，其本质，不就是为现在或未来风险发生时「省钱」！创造额外收入的投资，其本质就是「赚钱」，她原来「不想多花钱」，不想多花钱的本质，是省钱，做任何理财或保障的规划，本质上，不就是要省钱或赚钱！这两件事：「省钱」「赚钱」，王夫人过去都在做，既然过去与一直以来都在做，现在要做的，不也是根据她过去做规

划的动机与本质而提供的建议吗！

　　整合力不是解决问题的能力，而是「利用资源」以及「看懂结构」的能力，此处的结构，自然是前述所提「综观全局」「看清本质」；单独要去「解决」每个问题，绝不是你该有的选项。

　　销售依恃的，不是浮夸鬼扯的辞令与话术，而是合乎本质的逻辑！

哥照的不是镜子～
是未来的身分头衔！

全球最有保障人士

保险　规划资产

嘿！投资在自己的保障上，是永远稳赚不赔的！

34

销售，要看清「本质」

100 %

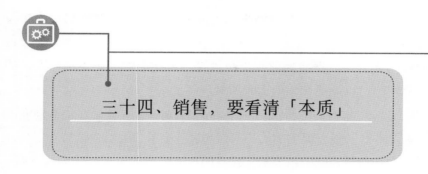

三十四、销售，要看清「本质」

为了达成业绩目标，业务人员销售的语言透过各式的「包装」，当然其目的是要完成交易；不置可否，将推销话术上推到令人匪夷所思的地步，几十年下来，不但没有放缓的脚步，反而变本加厉，这些「包装」过了头的推销话术也许能暂时迷惑人心，使顾客掏钱，然而长期下来，却造成了推销窒碍难行的艰困情境，主要原因之一，自然是消费者、顾客对于销售人员言过其实的推销话术与手法的反扑；也只有少数幸运儿，透过「深研」构成销售的本质、学问，方能平步青云、扶摇直上的创造高成交率。

而人员流动率最高的行业，你猜猜看，是哪个行业？没错，就是从事「销售」的业务人员，其中流动率最巨的，当属寿险金融业了！

当 1997 年笔者创办威力行销研习会时，选定的主要培训对象，即为寿险金融业；为什么以寿险业务员、业务主管作为主要招收与训练对象？有以下几项原因：

1. 市场与经济环境变动下的产物：寿险业二百多年来，未因任何政治、经济因素变动而消失；相反的，市场与经济环境变动愈大，愈能彰显寿险业「风险控管」的业务本质与价值，事实上，根本没有不变动的市场与经济环境！

2. 业务员组成的团队即为学习型组织：不学习，则阵亡。寿险金融业与社会经济脉搏的连动性日趋紧密，任合的投资、理财、保险知识

皆日新月异，只当一个产品推销员或固守过时的推销经验与知识，是不足以于此行业生存发展的，更遑论会有何突破。保险公司、保险经纪人公司、保险代理人公司等等，无一不重视旗下销售人员的专业训练，以期能在绩效上有所展现。

3. 贩卖无形商品的高度挑战：无形商品与深涉型商品。寿险金融业的「商品」是一纸要保书契约，不像房屋、车子、或柏金包等看得见、摸得着的物件，就一纸契约，载明保户或顾客的投保与规划的条款、额度与标的，销售难度较高，当销售难度愈高，则销售人员的招募与培训自然要与时俱进。看得到的产品好卖，看不到的服务则难卖。换言之，这是一个高度依赖「人」的专业。

这是寿险金融业存在的本质，而不仅此行业如此，任何一个专业领域，皆有其存在与生存的本质。人有人的本质，事有事的结构，行业有行业的属性，在尚未清楚定义行业本质之前，就有一堆人跳进各个行业里去运作，去销售或推广，然后一段时间后，等碰到问题，他们再去想办法解决，自此之后，这种「遇到问题再说」「有问题再去想解决办法」的被动式反应，或称线性反应，充斥在整个行业、公司、团队乃至组成团队的个人！

这些遇到问题再去想解决办法的人，在第九章「财富的秘密」里已阐述，此处不多作说明。

 靠脚力

王老闆： 这我实在买不下去，我朋友去年跟你们公司买的长期看护险比较好，你现在给我的，保费也比去年贵，而且，现阶段这个规划少了 180 个月的保证给付，这也差太多了吧！

你： 王老闆，我知道您说的是我们公司去年推出的长看险，不过，那已经停售了，而您在长期照顾险这方面是没有任何保障的。

王老闆： 我也知道，所以，我才觉得这实在差太多，保费比之前贵，保障条件又差之前的那么多，怎么买的下手，算了，再说吧！

你： 可是，不会再有像去年那种条件的长看险会推出了，那您又没这方面的保障，以后风险发生，不是要自己跟家人加重负担吗！

王老闆： 也不一定会发生，现在好好保养，我也一直很注重养生的，我还跟老师学气功，应该不会有什么问题。

你： 身体的状况其实很难讲，没人说得准，这也是保险的功能所在，王老闆，我还是建议您买长看险。

王老闆： 算了，不划算，等有更好的条件再跟我说吧！

你： 已经不会有更好的长看险了，王老闆，真的，您要不要现在就决定，不要再等了。

王老闆： 我知道你很认真，我现在没办法决定。

你： 不然这样吧，王老闆，我们来谈谈资产保全吧！您的资产资金那么多，那么会赚钱，节税规划总要做，这也是很重要的，我之前也帮很多成功的企业家做规划建议。

王老闆： 这方面都有会计师、还有公司的财务长在做，我不用伤这脑筋。

你： 可是会计师或财务长为您做的是一部份，也不一定是全部的资产，您也知道，鸡蛋不要放在同一个篮子，还是要分散风险。

王老闆： 是啊，每个人的专业不同，他们有他们的专业，你又有你的专业，我懂，现阶段，我还没这问题，他们做的也很好，再说吧！

你： 那他们都帮您做了哪些项目的资产保全呢？

王老闆： 我哪记得住，就都授权给他们去做，这方面我太太也会帮我把

关，我很放心，所以，不急！

你：哦，王老闆，那下次您一定要给我个机会，为您提供服务。

王老闆：放心，一定会有机会的。

随着问题起舞，是销售人员的「通病」。看不清系统的结构会把你与顾客带到哪个方向；随问题起舞会达到一个方向——就是迷路，还有不知为什么会迷路的方向！

销售过程略去「本质」，只会招致灾难性的后果；顾客不知财务或风险规划的本质，投资或保费的本质、疑虑与抗拒的本质、对销售人员销售手法反应的本质、为什么要在心有余、力也足时接受风险与理财规划的本质；销售人员不知「销售」二字基本定义的本质、不了解告知、说明、说服为什么会引起百分之八十顾客防御的本质、弄不清建立人际关系与建立对「人」的专业知识的本质差异为何、只依靠经验而不学习建立系统之间在时间与效益上有何天壤之别的本质、系统思考与线性反应之间在顾客面反应的差异本质，被动执行与主动创造间的能量与收益级距是如何造成的本质？！

「本质」，是不对外追求答案、解决方法；本质的基本定义，就是「本来的属性」，既是本来的属性，向外去寻求什么答案呢？人有人的本质——其思想、情绪与行为，而语言则是抒发思想、情绪的外显管道；行为的本质，自然就是一个人的思想＋情绪的表现的总和。行为的轨迹与此人说的话有时一致、有时不一致，你到底是要依据此人说的话去反应，或是从他（她）的行为脉络去发现此人的「本质」为何？

「事情」也有事情的本质，事情都是人制造出来的，「问题」更是人引发的，当「事情」与「问题」发生时，你想着如何去处理事情或

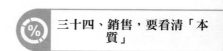

解决问题，猜猜看，你是往「本质」走，亦或远离本质？而且，愈离愈远？！

离开本质、对事情或问题去反应，「想」出来的解决办法，是真的「解决」了问题，还是制造了更多未来的问题？

 靠脑力

王老闆：这我实在买不下去，我朋友去年跟你们公司买的长期看护险比较好，你现在给我的，保费也比去年贵，而且，现阶段这个规划少了 180 个月的保证给付，这也差太多了吧！

你：王老闆，您的意思是说，与您朋友去年在我们公司投保的长期看护险相较，现在的保费比去年高，同时，保障的条件也没去年的优渥，是吗！

王老闆：是啊！这叫我怎么买得下去！

你：您是不是觉得，在现实条件上，您吃亏了！

王老闆：不然哩！

你：所以，您不会在「吃亏」的基础上，去做这项规划，没错吧！

王老闆：那当然。

你：很好，王老闆，您这么在乎钱与您的权益，请教您，什么才是真正的「吃亏」：

    1. 风险发生时，用自己或子女的钱。

    2. 风险发生时，用保险公司的钱。

    哪一个才是真正的吃亏？ 1 或 2 ？

王老闆：1 ！

你：您做长照险规划的本质，是不是为了转移风险而做？

王老闆：是啊！

你：那，您的风险转移了吗？

王老闆：还没做，怎么转移呢？

你：哦！那么，要如何才能转移呢？

王老闆：当然是做规划才能转移风险！

你：您现在愿意好好的做规划，以转移您的风险了吗！

王老闆：我是愿意，可是，保费也变贵啦！

你：嗯！王老闆，您赞不赞成，所谓的「保费」，就是「保护顾客免于风险的费用」！

王老闆：赞成。

你：而保费的高低，与您所承担的风险成正比。您所承担的风险愈高，保费就愈高；相对的，你所承担的风险愈低，保费就愈低，我没说错吧！

王老闆：没错！

你：所以，没有所谓保费高与低的问题，只有风险高与低的问题，对不对！

王老闆：对，为什么我都没办法反驳你？！

你：王老闆，你会反对自己的风险转移给保险公司、同时，也为未来风险来临时省钱吗？

王老闆：当然不会！

你：那，我们何不现在就来做好风险转移呢？！

王老闆：好吧！

 关　键

要看清楚人或事物的本质，是一种逻辑上的训练，而逻辑上的构成来自以下两项能力的培养及锻炼：

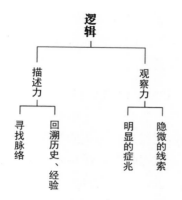

逻辑
- 描述力
  - 寻找脉络
  - 回溯历史、经验
- 观察力
  - 明显的症兆
  - 隐微的线索

　　一个只会对问题作反应，即想解决办法或答案的销售人员或销售领导人、企业主会落入系统思考当中「舍本逐末」循环里（见第五项修练一书）。因此，现代的销售培训不应只是从推销商品开始，更不能师从传统的经验法则，因为经验本身是人们零散行动下的产物，毫无系统；这些属于个人的销售经验是透过：

1. 零散的知识

2. 零散的行动

3. 零散的人脉（缘故销售）

4. 告知、说明、说服顾客购买的模式（引起百分之八十顾客防卫与抗拒的推销话术）

所构成，销售人员不断不自觉地重复这个过程，却期望得到突破性的结果（绩效、收入与团队人力）无疑是缘木求鱼，命中率真的就是柏拉图法则：80% 的耗损率、相对于 20% 的命中率。

　　「保费比去年高」、「保障额度与条件没去年的好」；听起来皆为阻碍顾客决策的问题，问题本身是不利于顾客的，相对于去年的同样规划型式，因此，你是否「观察」到，若这位顾客接受了这规划的型式与条件，他直觉上认为自己「吃亏」了！而没有人想要当吃亏的那位！

不想当吃亏的那一位，导致他做不了决定，而做任何保险规划的本质，即为「分散风险」，该分散转移风险却没，由自己或子女、家人来承担风险，哪个才是真正的「吃亏」？！

至于调涨保费则更无争论的必要，保费并非是一般的消费，2008年金融海啸，政府发放「消费卷」，以刺激民间消费，藉以活络经济；消费卷视同现金，可以买任何你想买的东西，从吃的、用的、到玩的，无一不包，可，就没一家保险公司跟保户收的保费是用消费卷抵的；这是什么意思？这意思是说，在那段时间，你可以拿消费券去上馆子、买电影票、买手机、计算机 3C 产品、买机票出国玩、买家具、买冰箱、买衣服，你就是不能拿来抵保费。

为什么？

道理很简单，因为「保费不是消费」，既然保费非消费，代表保险不是花钱用买的；保险，是用「规划」的，如何规划？从顾客的年龄、体况、经济情况、家庭人口、负债比、收入总数、市场利率、行业别的风险系数、个人的投保意愿与能力……等诸多因素来作为规划保障内容的依据；因此才会有对「保费」有如此这般的定义：

「保费，是保护顾客免于风险的费用」而**「保费的高低，是与你的风险高低成正比」**

销售人员与业务主管，往往陷于问题本身而导致与顾客间「进退两难」——顾客没有不要规划，然而也困于现实困境，尚未规划，双方皆陷于不确定因子当中，徒增困扰！

看清本质，在逻辑建构上才不至舍本逐末，让顾客跟着本质走，而不是你跟着现实困境走，方为正确突破之道！

35

销售时，你，是你自己，还是
你的顾客？

100%

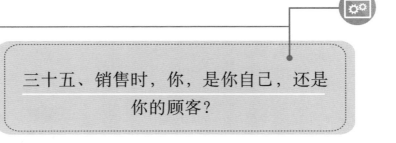

三十五、销售时，你，是你自己，还是你的顾客？

不知你是否相信并接受这个说法：你对销售的定义，将决定你在销售事业上的命运，我可是深信不疑！

如果你觉得自己销售命运坎坷，绩效与收入有一搭没一搭、或只能勉为糊口，甚至做到负债累累，那肯定是你一开始从事销售，就没将销售的定义摆到正确位置，销售定义不属于推销技巧、话术，那是你从事此事业的核心本质。一堆销售人员以为要赚大钱、要时间自由、财富自由，所以来做销售，他们从事销售的动机就是要赚大钱，而增员他们的主管，也以此（金钱报酬）做为增员时的诱因，久而久之，销售的价值核心就如此被扭曲了。

从事销售、赚大钱、时间自由、财富自由、行业无发展与成长的上限……这些皆属于「包装」过了头的征（增）员话术，人员离职率高是为了什么？赚不到钱！跟团队主管不合！公司规定朝令夕改、不重视业务员的权益、同行业的人抢 case，主管抢业绩……你可以有一百个理由去解释「赚不到钱」，那贵公司或团队，有没有人正派经营、又赚到很多钱的业务员呢？怎么解释？

时序进入廿一世纪的现在，「良心企业」「责任企业」的经营口号甚嚣尘上，「顾客导向」也喊了好一段时日，「需求分析」被许多保险业、保险经纪公司奉为万灵丹，大伙尝试着力图转型，以求于景气低

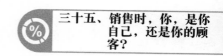
迷、竞争日巨下杀出一条生路，然而，当大家都这么做时，你又如何期望能脱颖而出？！

图（一）

任何对销售的定义，皆会延伸出对应的销售方式、以及相对应所需要的资源，你可以这么说：销售定义延伸出销售的作法；作法延伸出执行的成效，而成效会产生资源的匮乏，资源的匮乏使你采取相对应补偿性行为（如学习如何成为更称职的理财规划师或建立对人的专业）。因此，销售人员常常将注意力放在第二层的作法上，再根据得到的成效好坏看自己该如何改善执行成效；这么做，忽略了「作法是从定义而来」的系统结构。

例如： （ ◯ → 定义，▢ → 作法，△ → 成效，▢ 补偿性之行为 ）

图（二）

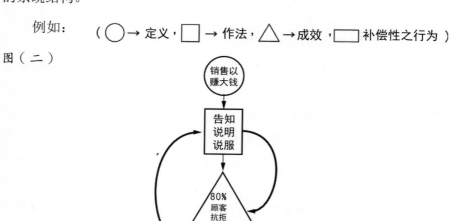

粗黑线圈回路显示被强化的环路（Loop）

错误或不奏效的定义（假设前提），延伸出不奏效的作法，销售人员再根据不奏效的作法，强化原有的行为，更加深了成效的不确定感！

 靠脚力

王老闆： 我不相信保险，我宁愿去买房，有房斯有财，看得到也摸得着，哪里需要买保险？

你： 王老闆，您只有出国会找我买旅平险，您手上现金那么充裕，至少也要做些资产配置吧！

王老闆： 我有啊！配置得很好，我又不缺钱，也用不到保险，房子都用现金买也不需要跟银行贷款，我还要配置什么！

你： 那是您很会投资赚钱，可是您的风险还是存在啊！

王老闆： 钱都准备好了，又不缺钱，有什么风险都能解决，不需要保险！

你： 资产配置是必须依据您的资产与负债之间的比例，再根据您打算退休的时间，来计算给建议的，王老闆，这跟一般的买保险是完全不一样的过程与层次。

王老闆： 我知道，银行理专也讲过，我还是银行的 VIP，你讲的我都知道，不用多说。

你： 其实是不一样，银行偏重投资或买外币赚汇差，我们建议是风险控管，您深入了解后，就知道这之间是不同的概念。

王老闆： 其实我觉得钱还是要活用，放在保险，实在是一件不划算的事儿。

你： 那要看您是从哪个角度来看，毕竟保险非投资，除非是投资型保单，那又另当别论。

王老闆： 我之前也买过你讲的投资型保单，2008 年金融海啸赔惨了。

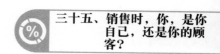

你： 那是整个金融崩盘，现在的投资型保单比较少听到有这种情况，不如我帮您汇整一下您的投资与保单，再看看有哪种规划是您想做的。

王老闆： 最近比较忙，这么大的工程你要整理也不是那么容易，再说吧！

 重点

　　一昧站在销售的立场与角度去发送讯息，这种单向式的销售表达少了从顾客的角度与立场去感受与思考；导致销售人员「摸不透」顾客担心或关心的是什么，也不清楚自己的「积极」反倒造成了顾客们的压力，面对压力，顾客的直觉反应，就是逃跑——电话不接、微信不回，此时愈增加拜访量，顾客愈增加躲销售人员的量。

　　你是销售人员，你不是顾客，你当然不知道他（她）在想些什么，**你是销售人员，你就是顾客，你当然知道他（她）在想些什么！**

　　困扰吗？

　　第一、因为你是销售人员，站在推销的立场，只想着要如何推销、如何成交、如何邀约、如何如何如何……个没完没了，你脑袋装的、心中放的，都是自己要如何做，所以，你不是顾客，你当然不知道他（她）在想些什么；你也没兴趣知道，只要快点成交就好。

　　第二、因为你是销售人员，站在顾客的立场，你变成你的潜在顾客，你就会「感知」到他（她）在想些什么、担心或关心什么，从他（她）想些什么、关心或担心什么作为你的销售施力点，成交是自然发生的！

靠脑力

王老闆： 我不相信保险，我宁愿去买房，有房斯有财，看得到也摸得着，哪里需要买保险？

你： 您的意思是说，您一有闲钱，就去买房子，是吧！

王老闆： 是的！

你： 而您也不相信保险，对不对！

王老闆： 对啊！

你： 同时，您不缺钱，自然也不需要保险，没错吧！

王老闆： 没错。

你： 我了解了；那，王老闆，我很好奇，您为什么要在公司已经很赚钱的情况下，还要额外投资房产呢？

王老闆： 资产不嫌多嘛！

你： 除此之外呢？

王老闆： 还有就是分散风险。

你： 为什么？

王老闆： 资金太多，自然就会课税，既然避不了税，何不把多余的钱拿来买房，这不就是分散风险的概念吗！

你： 是啊！您说的很有道理：资金愈多，相对于课税愈重，将要缴的税透过投资理财规划，再将其转为资产，那么，您的资产愈多愈好，没错吧！

王老闆： 当然，我现在就是这么做的。

你： 王老闆，我的意思是说：第1. 您的风险性资产愈多愈好，还是，第2. 免税资产愈多愈好？

王老闆： 应该是第2。

你： 在您持续投资并拥有风险性资产，如房产的同时，何不让我们一起

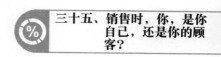

来看看，要如何拥有免税资产的作法呢！

王老闆： 好啊！要怎么做！

 关 键

销售，是建立在帮助人们得其所欲的基础上，你成功帮助的人愈多，得到的成就、收入与顾客的尊重就自然水涨船高。许多销售人员或许有此观念，认为销售是建立在帮助顾客得其所欲的基础上，然而，他们却未学习发展出支持此观念的有效作法，而导致前后不一致的矛盾，既然你对销售的定义，将决定你在销售事业上的命运，何不学习将你销售时的焦点，从「我要如何说服他（她）购买」转换成「你要如何做，才能拥有你要的免税资产或退休金？」这里的「你」，指得是顾客。

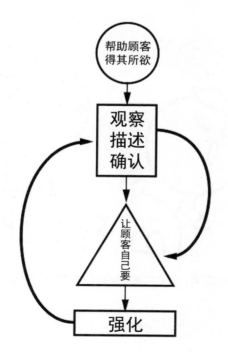

　　这里的「观察、描述、确认」是催眠式销售诱导的三步骤，观察你的顾客→描述你对顾客的观察→确认你的描述是正确无误的！用以取代传统推销当中的告知、说明、说服。一个是从顾客面观察、运用顾客给你的资源，来正确的帮助顾客得其所欲。另一个，则是从推销的立场发送讯息，而不观察，不观察，代表销售人员对「顾客」这个人没兴趣，相反的，只对达到成交的目的有兴趣；这样的「专业销售顾问」是令人敬谢不敏的！

　　销售时，你不是你，你代表的，是你的顾客；同时，你也代表你服务的公司，你的顾客是你的衣食父母，公司则是你帮助顾客得其所欲的资源与支持；主管是领你入行的师父；师父要以身作则，在市场上要骁勇善战，为旗下组员（属员）之表率，强将手下，自然无弱兵！

快放狗咬我，好让你感受我们的理赔服务有多快！

36 如何突破人性的弱点

100%

三十六、如何突破人性的弱点

人性的弱点何其多，销售上最常遇到的，就是短视近利，只看眼前；不论是从顾客面、或是销售人员皆然。

如果你以为成交的惟一依据是价格、或是利率高低，那不但偏离事实，也会使你与成功脱轨！

商品本身与价格是很重要，然而，人却是复杂的「动态因子」，动态是一种恒动状态——人会随着环境、情绪或与他人的互动产生不同的心理反应，并进而影响行为上的改变与不确定；朝三暮四、坐这山望那山、小人恒立志……咱们可有一堆的词来形容人的颠三倒四；出尔反尔的例子还少吗！

事实上，从事任何销售或创业行为，遇到拿不定主意的顾客实乃稀松平常，没啥大惊小怪，可就是有人会乱处理一通，搞到「赢得雄辩，失去订单」！

失去订单虽然会令人扼腕，然而，若是失去了顾客，那才叫损失惨重！这也是为什么我们会说「买卖不成仁义在」，一张订单是一场战役，与顾客的关系及销售人员的信誉却是一场战争，而一整场战争则是透过不同战役组合而成的结果。

拿不定主意的顾客，其成因从大方向来看，分别为受内在环境与外在环境的影响而产生的变动：

内在环境向来与人格特质息息相关：例如主观意识薄弱，到关键时刻拿不定主意、该做决定或采取行动却一拖再拖、耳根子软、从小到大不习惯独立思考、不喜欢担负责任、不愿承担任何风险、喜欢待在自己的舒适空间、对陌生人或环境有焦虑或恐惧甚至排斥、不承认犯错、自我怀疑……

外在环境与其所处的环境、互动的人、产生的经验有关：例如：曾有感情创伤、曾被诈骗过、容易被他人影响、跟随群众或同侪效应、经济或工作上的变动、缺乏对品牌与商品的相关知识……

任何内外在环境的变动，皆可能会影响顾客的决策反复，「反复」一词即为：原来要、后来又不要，而不要的理由与当初要的理由常常南辕北辙，要避免或处理此种棘手的销售情况，往往得要静下心来，销售人员也是人，顾客反悔当初的决定势必准备好了一至二个理由，如果业务员靠直觉反应，很可能会弄巧成拙，把气氛弄僵，把顾客也给得罪而不自知，此时失去的，不只是订单或一笔生意与业绩奖金，更糟糕的是，从此也失去了一位顾客，而比更糟还要糟的在后头，就是坏口碑传播——你懂这个严重性吧！

你听过「消费者保护法」吧！耳熟能详；那你是否听过「销售者保护法」或是「企业保护法」？没听过，我也没听过，因为根本就无此

法！法律上视消费者为相对弱方，企业或销售者被定义为较强势方——握有商品信息、品牌或通路及行销预算，You do the math! 你自己一衡量，就知道为什么法律总是保障消费者而非卖方了！

靠脚力

你： 王老闆，我之前 E-mail 给您的数据，您有看过了吧！

王老闆： 看过了；我太太说她不反对帮女儿做教育基金的规划，也不反对你帮我做的退休年金建议，原本都没问题，可是她也提到女儿才 2 岁，等明后年再做也不迟。

你： 可是今年的规划利率会比较好。

王老闆： 我也清楚利率的问题，她说的也对，等女儿上幼儿园或小学后，现金流比较有掌控性，到时再做会比较妥当。

你： 我不太懂您的意思，如果明年女儿的学费压力比较轻，那是否代表您更有余力为自己的退休金规划做准备呢？

王老闆： 我们最近刚买房子，手头也没那么宽裕，不好意思，还是照我太太的意见吧！

你： 那不然就二择一，看是要先做您的退休年金，还是要做女儿的教育基金呢？

王老闆： 应该都要再等，不会现在去处理这事儿。

你： 那原来您要签的约怎么办？

王老闆： 昨天只是签约，保费还没缴啊！

你： 是啊，您叫我今天来收费的，结果怎么完全跟昨天说的不一样！

王老闆： 我也没办法，老婆说的对，工作上由我作主，家里跟小孩归她管，我也只能听她的。

你： 好吧！也只能这样了！

王老闆： 对了，你可以把昨天签的约还我或销毁吗！

你： 哦！

重点

你可以说，人性的弱点，在销售行为上呈现最多的状况之一，即为反复不定；反复不定与坚决地拒绝你可是截然不同的；然而在面对反复不定的顾客时，销售人员却很容易陷入说服与解决问题的陷阱，既谓之陷阱，就不会有好结果。

一昧追究顾客反复不定的原因，再根据问出来的问题一一解决，这看似很「正常」的处理手法，即为「陷阱」！销售人员总天真的以为，问出顾客反复不定的原因所在，然后再「对症下药」，自然药到病除，在上述的「靠脚力」案例中，惟一被除掉的，不是顾客反复做不了决定的理由，而是业务员！

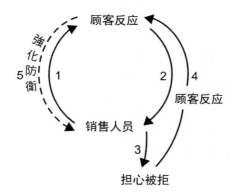

学习并研究系统结构与对「人」的专业，其好处之一即为，能从繁杂的细节中，看出整体性，而不是针对每个突发状况做反应；人有人的系统，事有事的结构；许多销售人员因为被顾客拒绝怕了，所以见到潜在顾客时，不自觉采取了防卫姿态；意即为了防堵潜在顾客的拒绝而产生相对应的防卫性语言与姿态，而人是彼此互相影响的，你因为担心顾客拒绝而防卫，自然也会引起顾客的防卫，而这样的结构只会增强，不会减弱！重点是，这一切增强的回路（销售人员担心被拒而采取的防卫性语言与行为，诱发出顾客采取更抗拒销售人员的状

态）是在不自觉的状态下形成的，完全不经过表意识的察觉；久而久之，销售也就窒碍难行，尤其在下一个可能没有防卫状态的潜在顾客互动上也弄巧成拙。譬如：反复不定的顾客，并非是抗拒的顾客，而销售人员却将其当成顾客拒绝来处理，自然就每况愈下！

 靠脑力

你：王老闆，我之前E-mail给您的数据，您有看过了吧！

王老闆：看过了；我太太说她不反对帮女儿做教育基金的规划，也不反对你帮我做的退休年金建议，原本都没问题，可是她也提到女儿才2岁，等明后年再做也不迟。

你：不好意思，您的意思是……？

王老闆：她的意思是，过一段时间等小孩上幼儿园或小学后，现金流比较有掌控性，到时候再做会比较恰当。

你：这意思是……？

王老闆：加上最近买房子，你懂吧！

你：哦，我了解了，王老闆，我帮您整理一下您刚刚所说的，看看对不对！

　　第1.：夫人认为孩子还太小，也都尚未上学，现在就要做教育基金的规划，还嫌太早，纵使你们原来都赞成要做规划，是吗？

王老闆：对，她其实是这个意思。

　　第2.：再加上你们最近又买了新房子，刚缴了头款，所以夫人才会说，等小孩上学，房子搞定，再做规划，对不对！

王老闆：是，没错！

你： 夫人完全是站在一个务实的立场在看整件事，王老闆，夫人真是位贤内助，让人好生羡慕；王老闆，既然您跟夫人都这么务实，那么，我想请教您或夫人，原来要为孩子做的教育基金或您的退休年金规划，是要花钱，还是为了省钱而做？

王老闆： 花钱啊，不都要缴钱！

你： 从务实的角度来看，不论是孩子的教育基金或您的退休金规划，是不是都是累积未来的资产？！

王老闆： 是啊，这么说没错。

你： 既然是累积未来的资产，那是为了花钱、还是为了未来省钱而做规划？

王老闆： ……应该是省钱。

你： 那夫人这么务实，请教您，她会反对的是：乱花钱买保险、还是，为了省钱而做规划？！

王老闆： 当然会为了省钱而做。

你： 哦，那、王老闆，不论您或夫人，有没有在你们这么务实的状态下，找得出任何一个、不要为了未来省钱的理由，找得出来吗？

王老闆： 什么意思？

你： 这意思是，王老闆，给我一个不要为未来省钱的理由吧！还是您以后要多花钱？

王老闆： 我懂了，既然如此，那我们还是照原定计划完成规划吧！

你： 谢谢您，愿意帮自己与孩子一个忙，现在，让我们一起来完成规划的程序吧！

王老闆： OK！

关 键

面对摇摆不定的顾客，最大的致命伤，即为销售人员「沉不住气」，太快对症状作反应，导致最后来不及反应！古人说：说出去的话，泼出去的水，而覆水则难收即为此理。

销售人员太快反应到来不及反应，其来有自——遇到销售阻碍（问题 or 症状），当然要立即处理，以完成交易。坏就坏在「立即」与「处理」这两个动词，「立即」代表销售人员不思考，靠「直觉反应」与「经验」；「处理」问题则代表直觉反应下的产物——找出对问题的相对应说法，既是相对应，就不自觉地走向对立的型态——顾客说贵，你回「怎么会贵」，「我太太说还是过段时间再看看，不急着现在做退休金规划」，你回「可是风险与意外不知何时先到」、「再不买就要停卖，下个月保费就调涨了」；身为销售人员，你很难不碰到传统销售以告知、说明、说服为依据的余毒。

沉的住气，耐着性子，弄清楚顾客的「真正动机」为何，有时嘴巴说出来摇摆不定的理由，真实性不到 7％！人们会透过修辞、掩饰或回避、声东击西、左右迂回，不面对真相、或者是，单纯不想面对拒绝业务员时的尴尬，而找到一个或数个「不得不改弦易辙」的理由与现实，以作为摇摆不定的推辞；说实在话，你真的不用太在意这些个「口语症状」，你真正该在意的是：他们的「真正动机」！

身为东方人的我们，有来自古文明的延续「基因」深深烙印在我们的骨子里，「不直接对人说不」，为什么？据说是要给人留下情面，又畏于社教礼俗，不只如此，连直接说 yes 都很难；咱们既不直接拒绝人，也不直接接受，一切都这么「迂回」，常让西方人士丈二金刚、摸不着头绪。

厘清动机而不处理口语症状，是对「人」的专业知识与训练中相当重要且必要的结构辨识，**从整体结构来看，而非对单一讯息、口语症状或问题做反应**，一要沉的住气；二要能从全面性着眼，看到整体结构；三要能按部就班的诱导，让顾客自己影响自己采取规划行动；有些销售人员「觉得」要能学会如此这般的掌控性着实不易，因为你的就业环境（公司、业务团队、业务主管、训练主管）并不是如此建构在「系统动力」与对「人」的专业基础上；因此靠人脉、建立人际关系加上零散的专业知识，遂成为这几十年业务员与业务团队的业务发展主力。

他们不想「动脑」，所以只能强调「行动力」「执行力」「拜访量」的多寡，一旦以拜访量的多寡来「轰炸」潜在顾客，就会走到大数法则的路径——量大人潇洒：拜访潜在顾客量愈多，成交比例愈高！这种反应与假设前提只会在一种情况有用，即一个产业进入到一个消费目标对象群对此产业的消费性知识未建立，与此产业的服务提供商（业务员）有着知识不对称的高度落差，业务员的专业知识远胜于潜在顾客群，「教育」消费者就成为经营此市场的基础，惟有透过大量拜访、增加拜访量来一方面拉近关系、一方面提供潜在顾客购买的理由与依据。

以寿险金融业来看，这行业存世已超过二个世纪，一个已超过二百年的行业，消费市场很难不具备基本的行业认知，既已具备，业务领导人与业务员自然要调整并建立起针对目标对象群的销售流程与策略；因此，「精准」销售便应运而生，买 TOYOTA 的人跟买 Bentley 的人，绝不是同一伙儿人，因此，「动脑」就成为现代精准销售的必经之途；你可以一天拜访三十位潜在顾客，够多了吧！命中 2 个（成交）；你也可以一天见三位潜在顾客而命中两个，成交额度一模一样，你会选哪一个？

一天让你见三位潜在顾客，成交两个；跟一天见两位潜在顾客，百分之百命中，你又会选哪一个？

精准有效的行动，比只是行动，要重要多了，不是吗！这一点再怎么强调也不为过！

精准的销售与系统化的结构不该只是来自销售面的变革，事实上，精准的销售，是来自于顾客面的成长！为什么？因为：

1. 消费者对于金融、保险的一般认知已建立，而非停留在启蒙阶段。

2. 顾客被销售人员推销的频率与次数与廿年前相比，多了好几倍。

3. 金融、保险销售通路多元化，使顾客不只有一个管道接触、学习、选择金融保险规划的媒介。

4. 顾客的时间、注意力有限，不想花太多时间与心力在接触业务人员。

5. 从业人员有时「人情攻势」，使顾客心生畏惧，视为非必要之恶！能不接触就不接触，嫌业务员太啰嗦、太黏人。

要突破销售产值与收入，除了精准，你还要什么！

放开那个女孩...
的要保书！
有本事来咬我~
反正我的保险
比我的肉还多！

要保书

专业是我的尊严，但不要放狗，
不然就咬我好了，至少我的保险比较多...

37

你的「直觉」，有用吗？

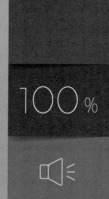

100 %

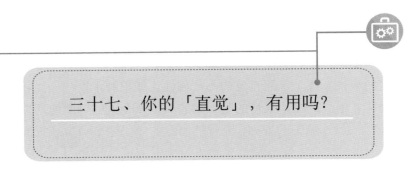

三十七、你的「直觉」，有用吗？

人们都仰赖知识从事现有的工作，创业也是一连串知识流程的串连，你可以说，任何的事业成功，知识的运用与实践实乃必然；那么，企业倒闭或销售人员做到阵亡的情况层出不穷，难道这些企业的创办人、从事销售为业的业务员，就不具备或具备不足的知识吗？

虽然没有一个统一的说法，然而，知识本身，确实是创业或经行销售事业成功的基础；没有一家成功的企业或顶尖销售人员是不具备知识成份而能获致成功的！

除了知识，执行业务、创造顾客与财富的销售人员及企业家，是否亦同时具备了额外的要件，方能平步青云，扶摇直上呢？！

就系统动力学来看，根据：问题——答案（解决方法）的线性反应（又称你的直觉反应）是症状解的根源，也是本书一再强调与证明「追求短暂利益、最后，却造成长期伤害」的结构，然而，「直觉」，却也是创业家、销售人员迈向财务成功必须具备的要件。

这样不只听起来很怪，连看起来都很矛盾，既然系统动力学视直觉为直线性反应，属于头痛医头——症状解的结构；然而，若藉由反复练习「系统思考」与「高观点的逻辑」，直到变成下意识之「直觉」反应，则此直觉反应与线性反应的直觉之间，就有螺旋桨与喷射机的差别！

有些人的「直觉」很准，当其面临重大商业决策或要谈成一笔重大交易时特别明显，然而，却并非每次都奏效，有3%～5%的机率有用，已经是了不得；基于经验累积而来的直觉，通常是靠「时间」与「机率」这两项主要因子，而直觉的不可靠性也就根源于此——经验；是个人行动化之下的产物，依恃的是行动的频率及个人的判断；所以，无法形成一个长久的竞争优势——你自己累积的经验，不一定适合用在别人身上；况且，每个人做同样一件事，产生的经验可能都不一样，没有模式可循，为什么？因为，靠经验的直觉毫无系统可言，既无系统，就没有可被重复复制的模式，而模式，可是现代商业生存与竞争的关键；销售人员也如是，靠年资与经验累积的直觉，并无法使你具备销售突破的优势，这里提到「突破的优势」，是指将你个人的绩效放大三～十倍，同时工作时间还能缩短三分之一，而非你做到现有产值、收入、人力的作法。

所以，这里所提到的直觉，是个人或企业创办人迈向成功的必要条件，一个根据系统结构，清楚辨识行动杠杆的直觉；一个具备高观点、而不被低观点层次的症状解牵着鼻子走的直觉；在做出真正既能符合短期利益、又能兼顾与创造长期利益的商业决策上的直觉；思考，而非只有被动反应，才是真正具备长期优势与突破的关键能力！

靠脚力

王老闆： 这笔40万保费目前对我们来讲，确实是负担，明年要扩厂，又要多缴税，这些都是不确定的因素。

你： 您觉得保费是负担、还是长期照顾的费用才是负担？

王老闆： 这我知道，现在已经年底，你看，原来今年要换车的计划都暂停，有太多不确定的事一件一件来，我还是要量入为出。

你： 但是，您也知道，虽然之前您在我们这儿做了很多保障与储蓄的保单，这次年终的保单健检，我还是必须建议您补足残扶与长期照顾险，这是您原来保单里面没有的部分。

王老闆： 我也知道这一点，不过，明年我的重点在迁厂、扩厂、还有税务，要应付多缴的税金，想起来就头大。

你： 话是这么说没错，不过，依据您的财力，应该不会有太大的负担才对，我想，您是客气了！

王老闆： 之前营业额都没那么高，所以税金不用我处理，都是我的老闆处理，现在营业额高，他说还是让我独立成立公司，那表示我每年都要负担额外的税金，老闆不愿意负担我的税金，你看，这不就加重我的负担吗！没办法。

你： 其实保障是一种转移风险的观念与作法，保费与保额是相对应的关系，不然，您看看要不降低额度，保费打个八折，至少有个残扶与长看险，是不是比较没有负担？

王老闆： 真的没办法，等一切都上轨道，我再找你。

重点

销售人员的天职是什么？

销售领导人的天职是什么？

给你十秒钟，想想什么是你从事销售事业的天职，「天职」可以被定义为：天赋才能的职能；或者是，与生俱来的职能。

想到了吗？

销售人员的天职是：正确的创造顾客、与帮助顾客得其所欲。

而销售领导人的天职则是：正确建立强大的销售团队，以帮助更多顾客得其所欲。

　　既然如此，销售人员与销售领导人，平均值而言，是否已克尽职责，百分百发挥「天职」？

 靠脑力

王老闆： 这笔 40 万保费目前对我们来讲，确实是负担，明年要扩厂，又要多缴税，这些都是不确定的因素。

你： 王老闆，您说的多缴税，我不太懂？

王老闆： 之前营业额都没那么高，所以税金不用我处理，都是我的老闆处理，现在营业额高，他说还是让我独立成立公司，不要 under 在他的公司之下，那表示我每年都要负担额外的税金，这不就加重了我的负担吗！我连想换辆新车都要考虑再三。

你： 您的意思是说，因为生意愈做愈好，您的老闆税务加重，因此，建议您成立自己的公司扩厂，不要再附属于他的公司之下，是吗！

王老闆： 是啊！

你： 同时，一旦成立自己的公司，随着营业额增加，自然要缴的税金也避不了，对不对！

王老闆： 没错！

你： 我了解了，王老闆，您觉得负担增加，是因为您之前并不用缴营业税或综所税，都是您老闆在付，现在一旦成立自己的公司，就变成您要付，而您突然觉得这是一笔不小的负担，换句话说，就是钱的风险增加了，没错吧！

王老闆： 对，就是这意思。

你： 而这负担，原本就不在你预期范围内，对不对！

王老闆：对。

你：王老闆，恭喜您，您现在终于知道，为什么要做好您的医疗与长期照顾规划的原因了吧！

王老闆：这两个有什么关系？

你：额外、不在您预期范围内的税金支出，是不是钱的风险？！

王老闆：算是。

你：既然不在预期范围内，那您能预期您这辈子什么时候会发生要用到长期照顾的时间吗？

王老闆：这哪会知道。

你：既然不能预期何时发生，不就是您这个人本身风险吗？

王老闆：也算。

你：而您对钱又这么重视，公司是您在经营，而不是您夫人或其他家人，对吧！

王老闆：对。

你：那，万一您发生不可预期的风险、长期照顾时，第一您愿意造成其他家人的经济负担，每个月支付1.5～1.8万的长期照顾费用吗？

王老闆：不愿意。

你：第二，万一发生要用到长照时，短暂时间没有人接替您的生意，是否会直接影响到接下来10或20年的家人生活日常支出？！

王老闆：那一定是会有影响。

你：您会让家人生活受到影响吗？

王老闆：当然不会。

你：很好，您现在愿意好好的来帮自己做好规划，也帮您的家人与事业分散风险了吗？

王老闆：好吧，要怎么做！

关 键

　　每个人都有直觉反应，大部份直觉反应是不经表意识、也就是不经理智筛选的反射，而销售人员与销售领导人恰好要去除的，也就是这类反射性的反应与动作。为什么？

　　因为，太快反应，就来不及反应！

　　太快对顾客的防卫性理由反应，确实会造成防卫状态的提高，你可以在自己过去的销售实战经验中、与本书所列的案例中发现；有时，你必须学会关闭线性直觉反应，对你的直觉踩刹车，不能让其像脱缰野马般，所到之处，皆被破坏的满目疮痍而不自知；除了一种情况例外，如前段所提，你的直觉，乃根基于系统思考与对人的专业整合而来，同时，又能熟悉观察、描述、确认（事实）三项催眠式销售诱导的步骤，**此直觉能力的展现，则非为线性反应，方能正确地实践，帮助顾客得其所欲的销售价值。**

　　如果你够细心，也许会观察到，当一个人容易感受沮丧，同时，也容易感受快乐。重点不在沮丧、快乐这些情绪，真正的关键，是在「感受的路径」，其实是一致的！只是感受的标的不同。而就因为感受的路径一致，所以，人的「感受的路径」是一个容易被外在环境影响的机制，只要此人还有意识、能思考、正常表达与行动，感受的路径就一直存在，这表示，人的内在「感受、感知的路径」是一项对外在环境的调节器，感受会随着感知到的外在刺激而产生，调整外在刺激的方式与结构，人的感受路径会依据刺激而反应，而不断地经由观察顾客对销售人员、销售讯息（外在刺激）产生的反应（外显行为：包含语言表现、表情、行为等），来调整提供刺激的内容与架构，这也是为什么，培养对人（顾客）敏锐的观察力如此具份量的原因。

当顾客「担心」时，不论担心的标的为何，你第一个观察到的，应该就是其「担心」的状态，最糟的反而是去处理、解决其担心的理由！「担心」是一种对外在现实的感知路径，不论其担心的标的为何，他（她）当下拥有的，就是一个担心的状态，而担心，就是害怕有风险，此时，你也先不用管担心标的是什么，他（她）担心有风险，不就是要做好风险转移规划的理由与动机吗！！我不清楚，传统的业务主管、业务员到底要处理、解决什么？

沮丧与快乐不是重点，它是症状；感受（知）的路径才是关键（杠杆）。

顾客担心现实困境、做不了决定的理由不是重点，而是其拥有担心的状态（感知的路径）才是关键！

你把「人」的结构弄清楚了吗？还是要继续凭线性的直觉反应作为你销售时的依据？

别怀疑~这真的是我
是专业起来...
连我都害怕的狠角色

今日我最狠

你或许不知道，在投资理财的专业上，我可是个狠角色。

商業管理系列 8

業務戰 腦力 vs. 腳力的戰爭 MIND TEASER（簡體版）

作　　者：張世輝
編　　輯：古佳雯、塗宇樵
美　　編：陳湘姿、塗宇樵
封面設計：塗宇樵
出 版 者：博客思出版事業網
發　　行：博客思出版事業網
地　　址：台北市中正區重慶南路1段121號8樓之14
電　　話：(02)2331-1675或(02)2331-1691
傳　　真：(02)2382-6225
E—MAIL：books5w@gmail.com或books5w@yahoo.com.tw
網路書店：http://bookstv.com.tw/
　　　　　https://www.pcstore.com.tw/yesbooks/
　　　　　博客來網路書店、博客思網路書店
　　　　　三民書局、金石堂書店
總 經 銷：聯合發行股份有限公司
電　　話：(02) 2917-8022　　傳　真：(02) 2915-7212
劃撥戶名：蘭臺出版社　帳號：18995335
香港代理：香港聯合零售有限公司
地　　址：香港新界大蒲汀麗路 36 號中華商務印刷大樓
　　　　　C&C Building, 36,Ting, Lai, Road, Tai,Po, New,Territories
電　　話：(852)2150-2100　　傳真：(852)2356-0735
出版日期：2019年11月 初版
定　　價：新臺幣320元整（平裝）
I S B N ：978-957-9267-35-9

國家圖書館出版品預行編目資料

業務戰 腦力 vs. 腳力的戰爭 MIND TEASER(簡體版) / 張世輝 著 --初版--
臺北市：博客思出版事業網：2019.11
ISBN：978-957-9267-35-9（平裝）

1. 銷售 2. 職場成功法

496.5　　　　　　　　　　　　　　　　　108014656